高等学校实验教材

高等学校"十三五"规划教材

过程工程原理实验

GUOCHENG GONGCHENG YUANLI SHIYAN

章 茹 秦伍根 钟卓尔 主编

U0228816

化学工业出版社

·北京·

《过程工程原理实验》共分为7章，内容包括过程工程原理实验基础知识、实验误差分析与实验数据处理、基本物理量的测量、演示实验、基础实验、拓展实验、过程工程原理仿真实验。单元操作过程涉及雷诺实验、流体流动过程机械能的转换、流量计校核、流体管内流动阻力测定、离心泵特性曲线测定、板框过滤常数的测定、传热综合实验、填料塔吸收实验、筛板塔精馏操作及效率的测定、干燥速率曲线测定、转盘塔液-液萃取、膜分离实验等多个实验。单元操作后思考题的设置紧密联系实验内容，充分锻炼学生解决工程问题的能力。本书注重工程观点的培养，实用与理论兼顾，增强学生的创新意识。

　　《过程工程原理实验》可作为高等学校化学化工及相关专业的实验教材，适合用于本科化工类专业、化学类专业、应用化学专业、环境工程专业以及材料类专业的过程工程原理实验、化工原理实验、化工基础实验和化工专业实验教学；亦可作为环境、材料、生物工程、制药、食品等部门从事研究、设计与生产的工程技术人员的技术参考书。

图书在版编目（CIP）数据

过程工程原理实验/章茹，秦伍根，钟卓尔主编. —北京：
化学工业出版社，2019.9（2022.8重印）
高等学校实验教材　高等学校"十三五"规划教材
ISBN 978-7-122-35088-6

Ⅰ．①过…　Ⅱ．①章…②秦…③钟…　Ⅲ．①化工过程-
实验-高等学校-教材　Ⅳ．①TQ02-33

中国版本图书馆 CIP 数据核字（2019）第 183357 号

责任编辑：闫　敏　江百宁　　　　　　　文字编辑：向　东
责任校对：张雨彤　　　　　　　　　　　装帧设计：张　辉

出版发行：化学工业出版社（北京市东城区青年湖南街 13 号　邮政编码 100011）
印　　装：北京建宏印刷有限公司
787mm×1092mm　1/16　印张 11¾　字数 295 千字　2022 年 8 月北京第 1 版第 4 次印刷

购书咨询：010-64518888　　　　　　　售后服务：010-64518899
网　　址：http://www.cip.com.cn
凡购买本书，如有缺损质量问题，本社销售中心负责调换。

定　　价：36.00 元

前 言

21世纪化工科技的发展对化工类人才提出了更高的要求，尤其是创新能力的要求。高校的实验教学具有实践性和工程性；实验课程可以培养学生综合应用理论知识解决实际问题和正确表达实验结果的能力，开拓学生的实验思路，使学生掌握新的实验技术和方法，增强学生的创新意识。

《过程工程原理实验》是在借鉴了《化工原理实验》讲义的内容基础上编写而成的，该讲义是南昌大学化工原理实验室几代教师多年教学实践的总结。《过程工程原理实验》编写过程中对原来的实验内容进行了修改，广泛吸取了国内外实验教材中的优点，始终贯彻理论联系实际，注重实践环节，符合学生的认识规律及便于自学的原则。

本书以演示实验、基础实验、拓展实验、仿真实验四个层次组织教学内容，构建多模块多层次的实验教学课程系统；单元操作后思考题的设置，紧密联系实验内容，充分锻炼学生解决工程问题的能力。本书强调过程工程原理实验中的共性问题，各实验操作举例尽量采用原有实验装置中已多次验证的实例，以减少错误，因此本书更具有通用性和实用性。同时，本书注重工程观点的培养，实用与理论兼顾。

《过程工程原理实验》可作为高等学校化学化工及相关专业的实验教材，适合用于本科化工类专业、化学类专业、应用化学专业、环境工程专业以及材料类专业的过程工程原理实验、化工原理实验、化工基础实验和化工专业实验教学；亦可作为环境、材料、生物工程、制药、食品等部门从事研究、设计与生产的工程技术人员的技术参考书。

本书得到了南昌大学校级重点建设教材资助项目的支持；是在南昌大学建设江西省精品课程"过程工程原理"的过程中，对过程工程原理实验教学长期改革的成果。

本书由章茹、秦伍根、钟卓尔主编，参加编写人员还有邓燕芳、严进、曹文仲、喻国华等。

由于我们水平有限，存在的疏漏或不妥之处，敬请读者批评指正。

编者

目录

第1章 过程工程原理实验基础知识

1.1 过程工程原理实验的教学目的和要求

1.1.1 教学目的

过程工程原理实验是过程工程原理教学过程中的一个重要组成部分，结合其自身的特点和体系，通过实验应达到如下教学目的：

① 根据过程工程原理实验目的，分析实验测定原理、设计实验流程图、选择实验装置、编写实验的具体步骤；

② 结合实验装置，对设备、管路的构成建立一个初步的认识，通过实验操作，培养学生的动手能力，掌握单元设备的操作技术；

③ 通过实验，培养学生对实验现象敏锐的观察能力，正确获取实验数据的能力，根据实验数据和实验现象，能用所学的知识归纳、分析实验结果，培养学生从事科学研究的初步能力；

④ 掌握过程工程原理实验的原理、方法和技巧，获得实验技能的基本训练；

⑤ 培养学生运用所学知识分析和解决实际问题的能力，在理论和实践相结合的过程中，巩固并加深对课堂理论教学内容的认识；

⑥ 学会实验报告的书写方法，培养书写工程文件的能力。

综上所述，过程工程原理实验教学是教学过程中一个非常重要的环节，其目的是注重对学生工程实践能力的全面培养。

1.1.2 教学要求

1.1.2.1 实验前的准备工作

（1）充分准备，做好课前预习

课前预习的一般要求：认真阅读过程工程原理实验指导书，知道实验内容，明确所做实验的目的、任务和要求；掌握实验依据的原理、基本理论知识；根据实验流程图，构思实装置，熟悉实际实验装置（或流程）；提出具体的实验操作步骤；思考实验应得到的结论，学习实验注意事项。

（2）熟悉实验设备、流程，了解操作方法和测控点

全面了解实际的实验装置及所用的设备，熟悉实验流程及管件等，根据实验操作步骤，熟悉操作，了解数据测控点。

1.1.2.2 实验操作、观察与记录

（1）严格操作，循序进行

进行过程工程原理实验时，首先要仔细检查实验装置及仪器、仪表是否完整（尤其是电路的接线及传动部件，以确保安全）。准备完毕，经指导教师允许后，方可进行操作。

实验过程要严格执行过程工程原理实验指导书中所列的操作步骤、具体操作方法和规定，循序渐进，未经指导老师允许不得随意变更操作步骤、方法和规程。

（2）认真观察，客观记录

过程工程原理实验中要注意仔细观察所发生的实验现象，认真记录实验所测得的各项数据。

在实验前，必须学会有关测量仪表的使用方法及操作参数的调节。实验过程中，密切注意仪表指示值的变化，及时调节，使整个操作过程在规定的条件下进行，减少人为误差。

实验现象稳定后才能开始读数、记录数据。在刚改变条件时，不能急于测量记录。如流体流动实验，阀门开度刚改变时，流体流动不够稳定，这时测量的数据是不可靠的。

实验中如出现不正常的情况，如数据有明显误差时，应在备注栏中注明，说明产生不正常现象的原因，提出改进或应予避免的合理化建议。

1.1.2.3 实验结果处理的要求——编写完整、规范的实验报告

实验结束后，对测取的数据、观察到的实验现象和发现的问题进行分析，得出实验结论。所有这些工作应以实验报告的形式进行综合整理。实验报告作为实验文件，也是过程工程原理实验成绩评定的重要依据。

书写实验报告时应本着实事求是的态度，不能以任何理由随意更改所测得的实验数据。尊重所测数据，寻找产生误差的原因，才是从事科学实验的正确态度。

过程工程原理实验报告是以实验目的、原理和装置为基础的，依据规定和合理的操作步骤，测取正确、可靠的实验数据，最终分析、讨论得到实验结论的完整文件。实验报告的重点应放在实验数据的处理和实验结果的分析讨论方面。

具体的实验报告可参照下列文件格式撰写。

① 实验目的：指出实验所要达到的目的。

② 实验原理：简述实验所依据的测定原理和所涉及的理论基础。

③ 实验装置：画出实际的实验装置流程图，标出主要设备和检测仪表、设备的类型和规格。

④ 实验步骤：结合实验操作过程，简述操作方法、步骤等。

⑤ 实验数据处理：用表格的形式整理实测数据，依据实验原理完成数据的计算处理，计算步骤要全面清晰。进行类型相同的多组数据的处理时，可以用一组数据处理的全过程为例进行整理，其他数据的处理、计算过程如果类似，整理过程可以省略，只将计算结果列于表中。

⑥ 实验结果及讨论、分析：给出所做实验的结果；讨论实验结果与理论值的一致性，

分析产生误差的原因；回答实验指导书中关于实验的问题；针对产生误差的原因，提出合理化建议。

1.2　过程工程原理实验的基本知识

过程工程原理实验一般以 3～4 人为一组，因此实验操作时要求实验小组的成员各司其职（包括单元操作、读取数据、安全防范等），并且在适当的时候轮换岗位，做到既有分工又相互配合地完成实验。

1.2.1　过程工程原理典型单元操作知识

过程工程原理中的设备单元操作是化工生产中共有的操作，同一单元操作用于不同的化工生产及化工科学研究实验过程，其控制原理一般是相同的。下面简要介绍过程工程原理实验中较为常见的离心泵、精馏塔、吸收塔、萃取塔及干燥单元操作过程中的相关基本知识。

1.2.1.1　离心泵的基本操作知识

（1）离心泵的启停

离心泵启动前要进行盘车，即用手转动泵轴，检查确认泵轴旋转灵活后方可启动泵，以防止泵轴被卡住，造成泵电机的超负荷运转，发生电机烧毁或其他事故。要向泵体内灌满待输送的液体，使泵体内空气排净，以防止气缚现象的发生，使泵无法正常运转。启动泵时电动机的电流是正常运转的 5～7 倍，为避免烧毁电机，应使启动泵时轴功率消耗最小，因此离心泵启动前应关闭泵出口阀，使泵在最低负荷状态下启动。

离心泵启动后，应立即查看泵的出口压力表是否有压力，若无出口压力，应立即停泵，重新灌泵，排净泵体内的空气后再次启动；若有出口压力，应缓慢打开泵的出口阀调至所需要的流量。

离心泵停车时，应先缓慢关闭泵的出口阀，再停电机，以免高压液体的倒流冲击而损坏泵。

（2）离心泵的流量调节

离心泵在正常运行中常常因需求量的改变而要改变泵的输送流量，因此需要对泵的流量进行调节，常用的调节方法如下。

① 调节泵出口阀的开度。调节泵出口阀的开度实际上是通过改变管路流体的流动阻力，从而改变流量。当调大泵出口阀的开度时，管路的局部阻力减小，流量增大；当调小泵出口阀的开度时，管路的局部阻力增大，流量减小，达到调节流量的目的。这种调节流量的方法快捷简便，流量连续可调，应用广泛，其缺点是减小阀门开度时，有部分能量因克服阀门的局部阻力而额外消耗，在调节幅度较大时，使离心泵处于低效区工作，因此操作不经济。

实验时应特别注意，不能用减小泵入口阀开度的方法来调节流量，这种方法极有可能使离心泵发生汽蚀现象，破坏泵的正常运行。

② 改变泵的叶轮转速。从离心泵的特性可知，转速增大流量增大，转速减小流量减小，因而改变泵的叶轮转速就可以起到调节流量的作用。这种调节方法不增加管路阻力，因此没有额外的能量消耗，经济性好。缺点是需要装配变频（变速）装置才能改变转速，设备费用投入大，通常用于流量较高、调节幅度较大的实验。

③ 改变泵叶轮的直径。改变泵叶轮的直径可以改变泵的特性曲线，由离心泵的切割定律可知，流量通常与叶轮直径成正比关系，但更换叶轮很不方便，故生产上很少采用。

1.2.1.2 精馏塔的操作控制知识

维持精馏塔正常稳定的操作方法是控制三个平衡,即物料平衡、气液平衡、热量平衡。该过程实际是控制塔内气、液相负荷的大小,以保证塔内良好的传热传质,获得合格产品。但塔内气、液相负荷是无法直接控制的,生产或实验过程中主要通过控制压力、温度、进料量、回流比等条件来实现。

(1)精馏塔压力的控制

精馏塔压力的控制是精馏操作的基础,塔的操作压力一经确定,就应保持恒定。操作压力的改变将会使塔内气液相平衡关系发生变化。影响塔压力变化的因素很多,在操作中应根据具体情况进行控制。

在正常操作中,若进料量、塔釜温度及塔顶冷凝器的冷凝剂量都不变化,则塔压力随采出量的变化而发生变化。采出量大,塔压力下降,采出量小,塔压力升高,因此稳定采出量可使塔压力稳定。当釜温、进料量以及塔顶采出量都不变化时,塔压力却升高,可能是冷凝器的冷凝剂量不足或冷凝剂温度升高引起的,应增大冷凝剂量,有时也可加大塔顶采出量或降低釜温以保证不超压。如果塔釜温度突然升高,塔内上升蒸汽量增大,导致塔压力升高,这种情况应迅速减少塔釜加热量及增大塔顶冷凝器的冷凝剂量或加大采出量,及时调节它的温度至正常。如果是塔釜温度突然降低,则情况相反,处理方法也相反。

(2)精馏塔温度的控制

精馏塔的温度与气、液相的组成有着对应的关系。在精馏过程中,塔的操作压力恒定时,稳定塔顶的温度至关重要,可保证塔顶馏出液产品的组成。塔顶温度主要受进料量、进料组成、操作压力、塔顶冷凝器的冷凝剂量、回流温度、塔釜温度等因素影响。因此,控制塔顶温度应根据影响因素而作出对应的调节。若塔顶温度随塔釜温度改变时,应着重调节塔釜温度使塔顶温度恢复正常;若是因塔顶冷凝器的冷凝效果差、回流温度高而导致塔顶温度升高的,应增大塔顶冷凝器冷凝剂量以降低回流温度,从而达到控制塔顶温度的目的;若精馏段灵敏板的温度升高,塔顶产品轻组分浓度下降,此时应适当增大回流比,使其温度降至规定值,从而保证塔顶产品质量;若提馏段灵敏板的温度下降,塔底产品轻组分的浓度增大,应适当增大再沸器加热量,使塔釜温度上升至规定值。有时塔釜温度会随着塔的进料量或回流量的改变而改变,因此在改变进料量或回流量的同时应注意维持塔釜的正常温度。

(3)精馏塔进料量的控制

在实验过程中不能随意改变进料量,进料量的改变会使塔内气、液相负荷发生变化,影响塔的物料平衡以及塔效率。进料量增大,上升气体的速度接近液泛速度时,传质效果最好,超过液泛速度将会破坏塔的正常操作。若进料量超过塔釜和冷凝器的负荷范围,将引起气液平衡组成的变化,造成塔顶、塔釜产品质量不合格。进料量减小,气速降低,对传质不利,严重时造成漏液,分离效果不好。因此,进料量应保持稳定状态。工艺要求改变时,应缓慢调节进料阀,同时维持全塔的总物料平衡,否则当进料量大于出料量时会引起淹塔,当进料量小于出料量时会出现塔釜蒸干现象。

(4)回流比的控制

回流量与塔顶采出量之比称为回流比,回流比是影响精馏过程分离效果的重要因素,它是控制产品质量的主要手段。在精馏过程中产品的质量和产量的要求是相互矛盾的。在塔板数和进料状态等参数一定的情况下,增大回流比可提高塔顶产品轻组分的纯度,但在再沸器负荷一定的情况下,会使塔顶产量降低。回流比过大,将会造成塔内循环量过大,甚至破坏塔的正常操作;回流比过小,塔内气液两相接触不充分,分离效果差。因此,回流比是一个既能满足生产要求，又能维持塔内正常操作的重要参数。回流比一经确定，就应保持相对稳定。

（5）精馏塔的采出量

① 塔顶采出量。进料量一定，在冷凝器负荷不变的情况下降低塔顶产品的采出量，可使回流量及塔压差增大，塔顶产品纯度提高，但产量减少。塔顶采出量增加，造成回流量减少，因此精馏塔的操作压力降低，重组分被带到塔顶，致使塔顶产品不合格。

② 塔底采出量。正常操作中，塔底采出量应符合塔的总物料衡算公式，若采出量太小，造成塔釜液位逐渐升高，直至充满整个加热釜的空间，使塔釜液体难以汽化，此时将会影响塔底产品的质量。若采出量太大，致使塔釜液位过低，则上升蒸汽量减少，使板上传质条件变差，板效率下降。可见，塔底采出量应以控制塔釜内液面高度一定并维持恒定为原则。

（6）精馏塔操作状况的判断

① 塔板上气、液接触情况。

a. 气液鼓泡接触状态：上升蒸汽的流速较慢，气液接触面积不大。

b. 泡沫接触状态：气速连续增加，气泡数量急剧增加，同时不断碰撞和破裂，板上液体大部分以膜的形式存在于气泡之间，形成一些直径较小、搅动十分剧烈的动态泡沫，是一种较好的塔板工作状态。

c. 气液蜂窝状接触状态：气速增加，上升的气泡在液层中积累，形成以气体为主的类似蜂窝状泡结构的气泡泡沫混合物，这种状态对传热、传质不利。

d. 喷射接触状态：气速连续增加，将板上的液体破碎，并向上喷成大小不等的液滴，直径较大的液滴落回塔板上，直径较小者会被气体带走形成液沫夹带。

② 塔板上的不正常现象。

a. 严重的漏液现象：气相负荷过小，塔内气速过低，大量液体从塔板开孔处垂落，使精馏过程中气液两相不能充分混合，严重漏液会使塔板上不能建立起液层而无法正常操作。

b. 严重的雾沫夹带现象：在一定的液体流量下，塔内气体上升速度增至某一定值时，塔板上某些液体被上升的调整气流带至上层塔板，这种现象称为雾沫夹带。气速越大，雾沫夹带越严重，塔板上液层越厚，严重时将会发生夹带液泛。雾沫夹带是一种与液体主流方向相反流动的返混现象，会降低板效率，破坏塔的正常操作。

c. 液泛现象。

夹带液泛：塔内上升气速很大时，液体被上升气体夹带到上一层塔板，流量猛增，使塔板间充满气液混合物，最终使整个塔内都充满液体。

溢流液泛：受降液管通过能力的限制，导致液体不能通过降液管往下流，而积累在塔板上，引起溢流液泛，破坏塔的正常操作。

1.2.1.3　吸收塔的操作控制知识

吸收操作以净化气体为目的时，主要的控制指标为吸收后的尾气浓度；当吸收液为产品时，主要控制指标为出塔溶液的浓度。吸收操作过程的主要控制因素有压力、温度、气流速度、吸收剂用量、吸收剂中吸收质的浓度。

（1）压力的控制

提高吸收系统的压力，可以增大吸收推动力，提高吸收率。但压力过高，会增大动力消耗，对设备的承受强度要求高，设备投资及生产费用加大，因此能在常压下进行吸收操作的不用高压操作。实际操作压力主要由原料气组成及工艺要求决定。

（2）温度的控制

吸收塔的操作温度对吸收速率影响很大，升高操作温度，容易造成尾气中的溶质浓度升高，吸收率下降；降低操作温度，可增大气体溶解度，加快吸收速率，提高吸收率。但若温度过低，吸收剂黏度增大，吸收塔内流体流动性能状况变差，增加输送能耗，影响正常操作。因此，操作中应维持已选定的最佳操作温度。对于有明显热效应的吸收过程，通常塔内或塔外设有中间冷却装置，此时应根据具体情况控制塔的操作温度在适宜状态。

（3）气流速度的控制

气流速度的大小直接影响吸收过程。气流速度小，气体湍动不充分，吸收传质系数小，不利于吸收；气流速度大，使气、液膜变薄，减少气体向液体扩散的阻力，有利于气体的吸收，同时也提高了单位时间内吸收塔的生产效率。但气流速度过大时，会造成气液接触不良、雾沫夹带甚至液泛等不良现象，不利于吸收。因此，要选择一个最佳的气流速度，从而保证吸收操作高效稳定的进行。

（4）吸收剂用量的控制

吸收剂用量过小，塔内喷淋密度较小时，填料表面不能完全湿润，气、液两相接触不充分，使传质面积下降，吸收效果差，尾气中溶质的浓度增加；吸收剂用量过大，塔内喷淋密度过大，流体阻力增大，甚至会引起液泛。因此，需要控制适宜的吸收剂用量使塔内喷淋密度在最佳状态，从而保证填料表面润湿充分和良好的气、液接触。

（5）吸收剂中吸收质浓度的控制

对于吸收剂循环的吸收过程，若吸收剂中溶质浓度增加，会引起吸收推动力减小，尾气中溶质的浓度增加，严重时甚至达不到分离要求。降低吸收剂中溶质的浓度，可增大吸收推动力，在吸收剂用量足够的情况下，尾气中溶质的浓度降低。因此，入塔吸收剂的浓度增加时，要对解吸系统进行调整，以保证解吸后循环使用的吸收剂符合工艺要求。

（6）吸收系统的拦液和液泛

吸收系统设计时已经考虑了引起液泛的主要原因，因此按正常操作一般不会发生液泛，但当操作负荷大幅度波动，液层起泡，气体夹带的雾沫过多时，就会形成拦液甚至液泛。操作中判断液泛的方法通常是观察塔的液位，操作中液体循环量正常而塔内液位下降、气体流量没变而塔的压差增大是可能要发生液泛的前兆。防止拦液和液泛发生的措施是严格控制工艺参数，保持系统操作平衡，尽量减轻负荷波动次数，发现问题要及时处理。

1.2.1.4　萃取过程的操作控制知识

萃取实验中主要控制的参数包括总流量、温度、搅拌强度、相界面高度等。

（1）总流量的控制

总流量即为轻、重两相流量的总和，控制总流量其实是控制萃取设备的生产能力，设备最大处理量一般在试运行时已经测定，但实验过程中原料液的组成可能发生变化，因此要根据情况对两相流量作适当的调整控制。流量调整前应先调出液泛状态，确定液泛状态的总流量，然后在低于液泛状态的总流量下进行流量调整控制。

（2）温度的控制

温度对大多数萃取体系都有影响，这些体系都是通过温度对萃取剂和原料液的物理性质（溶解度、黏度、密度、界面张力）产生影响。但温度过高，会增加萃余相的挥发损失，因此操作温度应适当控制。

（3）搅拌强度的控制

萃取过程中承受着原料液组分、操作温度的变化，特别是界面絮凝物的积累，常常会影响混合相和分相的特性，这就需要调整搅拌强度。搅拌强度与转速和叶轮直径（脉冲频率）成正比。搅拌强度越大，两相混合越好，传质效率越高。但相的分相则与此相反，因此在研究实验中要根据不同的萃取体系，通过控制搅拌器的转速来调整适宜的搅拌强度。

（4）相界面高度的控制

相界面的位置直接影响两相的分相和夹带，相界面的位置最好位于重相入口和轻相出口之间，相界面的高度可以通过界面位置来控制。

（5）液泛现象

萃取塔运行中若操作不当，会发生分散相被连续相带出塔设备外的情况，或者分散相液端凝聚成一段液柱并把连续相隔断，这种现象称为液泛。刚开始发生液泛的点称为液泛点，这时分散相、连续相的流速为液泛流速。液泛是萃取塔操作时容易发生的一种不正常的操作现象。

液泛的产生不仅与两相流体的物理性质（如黏度、密度、表面张力等）有关，而且与塔的类型、内部结构有关。对一特定的萃取塔操作时，当两相流体选定后，液泛由流速（流量）或振动脉冲频率和幅度的变化引起，即流速过大或振动频率过快时容易发生液泛。

1.2.1.5 干燥过程的调节控制知识

对于一个特定的干燥过程，干燥器和干燥介质已选定，同时湿物料的含水量、水分性质、温度及要求的干燥质量也一定。此时能调节的参数只有干燥介质的流量、进出干燥器的温度以及出干燥器时的湿度参数。这些参数相互关联、相互影响，当规定其中的任意两个参数时，另外两个参数也就确定了，即在对流干燥操作中，只有两个参数可以作为自变量而加以调节。在实际操作中，通常调节的参数是进入干燥器的干燥介质的温度和流量。

（1）干燥介质的进口温度和流量的调节

为了强化干燥过程，提高经济效益，在物料允许的最高温度范围内，干燥介质预热后的温度应尽可能提高一些。同一物料在不同类型的干燥器中干燥时允许的介质进口温度不同。如在干燥器中，由于物料在不断翻动，表面更新快，干燥过程均匀、速率快、时间短，此时介质的进口温度可较高。而在厢式干燥器中，由于物料处于静止状态，加热空气只与物料表面直接接触，容易使物料过热，应控制介质的进口温度不能太高。

增加空气的流量可以增大干燥过程的推动力，提高干燥速率，但空气流量的增加，会造成热损失增加，热利用率下降，使动力消耗增加；而且气速的增加，还会造成产品回收的负荷增加。生产中，要综合考虑温度和流量的影响，合理选择。

（2）干燥介质出口温度和湿度的影响及控制

当干燥介质的出口温度提高时，废气带走的热量增大，热损失增大；如果介质的出口温度太低，废气中含有相当多的水汽，这些水汽可能在出口处或后面的设备中达到露点，析出水滴，破坏干燥的正常操作，导致干燥产品的返潮和设备受腐蚀。

离开干燥器时，干燥介质的相对湿度增加，会导致一定的干燥介质带走的水汽量增加，但相对湿度增加，会导致过程推动力降低，完成相同干燥任务所需的时间增加或干燥器尺寸增大，最终使总的费用增大。因此，必须根据具体情况全面考虑。

对于一台干燥设备，干燥介质的最佳出口温度和湿度应通过实验来确定，在生产上或实验中控制干燥介质的出口温度和湿度主要通过调节介质的预热温度和流量来实现。例如，同样的干燥处理量，提高介质的预热温度或加大介质的流量，都可使介质的出口温度上升，相对湿度下降。在设有废气循环的干燥装置中，将循环废气与新鲜空气混合进入预热器加热后，再送入干燥器，以提高传热和传质系数，减少损失，提高热能的利用率。但废气的循环利用会使进入干燥器的湿度增大，干燥过程中的传质推动力下降。因此，在进行废气循环操作时，应在保证产品质量和产量的前提下，适当调节废气循环比。

1.2.2 实验测定、记录和整理数据知识

（1）实验测取的数据

凡是影响实验结果或是整理数据时必需的参数都应测取，包括大气条件、设备的有关尺寸、物理性质及操作数据等。凡可以根据某一数据导出或能从手册中查得的数据就不必直接测定。例如水的密度、黏度、比热容等物理性质，一般只要测出水温后即可查出，因此不必直接测定这些性质，只需测定水温就可以了。

（2）实验数据的读取及记录

① 根据实验目的要求，在实验前做好数据记录表格，在表格中应标明各项物理量的名称、表示符号及单位。

② 待实验现象稳定后开始读取数据，若改变条件，应使体系稳定一段时间后再读取数据，以防止出现仪表滞后而导致读数不准的情况。

③ 每个数据记录后，应该立即复核，以免发生读错或写错数据的情况。

④ 数据的记录必须反映仪表的精度，一般要记录到仪表最小分度以下一位数。

⑤ 实验中如果出现不正常情况，以及数据有明显误差时，应在备注栏中加以注明。

（3）实验数据的整理

① 原始记录的数据只可进行整理，绝不可修改。不正确数据可以进行注明后不计入结果。

② 同一实验点的几个有波动的数据可先取其平均值，然后进行整理。

③ 采用列表法整理数据清晰明了，便于比较。在表格之后应附计算示例以说明各项之间的关系。

④ 实验结果可用列表、绘制曲线或图形、书写方程式的形式表达。

1.2.3 过程工程原理实验危险药品安全使用知识

为了确保设备和人身安全，从事过程工程原理实验的人员必须具备以下危险品安全知识。实验室常用的危险品必须进行合理分类存放。对不同的危险药品，在为扑救火灾而选择灭火剂时，必须针对药品的性质进行选用，否则不仅不能取得预期效果，反而会引起其他危险。过程工程原理的精馏实验可能会用到乙醇、苯、甲苯等药品，吸收实验可能会用到丙酮、氨气等药品，拓展实验的萃取精馏、催化反应精馏也会用到不少化学药品，其中也包含危险药品，这些危险药品大致可分为下列几种类型。

（1）易燃品

过程工程原理精馏实验及反应精馏中会涉及有机溶液加热，其蒸气在空气中的含量达到一定浓度时，就能与空气（实际上是氧气）构成爆炸性的混合气体。这种混合气体若遇到明火会发生闪燃爆炸。在实验中如果认真严格地按照安全规程操作，是不会有危险的。因为构成爆炸应具备两个条件，即可燃物在空气中的浓度在爆炸极限范围内和有点火源存在。因此防止爆炸的方法就是使可燃物在空气中的浓度在爆炸极限以外。故在实验过程中必须保证精馏装置严密、不漏气，保证实验室通风良好。在进行精馏易燃液体、有机物品时，加料量绝不允许超过容器的2/3。在加热和操作的过程中，操作人员不得离岗，不允许在无操作人员监视下加热。禁止在室内使用有明火和敞开式的电热设备，也不能加热过快，致使液体急剧

汽化，冲出容器，也不能让室内有产生火花的必要条件存在。总之，只要严格掌握和遵守有关安全操作规程就不会发生事故。

（2）有毒品

在过程工程原理实验中，往往被人们忽视的有毒物质是压差计中的水银，如果操作不慎，压差计中的水银可能被冲洒出来。水银是一种累积性的有毒物质，水银进入人体不易被排出，累积多了就会中毒。因此，一方面装置中应尽量避免采用水银；另一方面要谨慎操作，开关阀门要缓慢，防止冲走压差计中的水银，操作过程要小心，不要碰破压差计。一旦水银冲洒出来，一定要尽可能地将它收集起来，无法收集的细粒，也要用硫黄粉和氯化铁溶液覆盖。因为细粒水银蒸发面积大，易于蒸发汽化，不易采用扫帚扫或用水冲的办法消除。

（3）易制毒化学品

过程工程原理吸收实验中可能用到的丙酮、精馏实验中可能用到的甲苯等都属于受管制的三类药品。这些易制毒化学品应按规定实行分类管理。使用、贮存易制毒化学品的单位必须建立、健全易制毒化学品的安全管理制度。单位负责人负责制定易制毒化学品的安全使用操作规程，明确安全使用注意事项，并督促相关人员严格按照规定操作。教学负责人、项目负责人对本组的易制毒化学品的使用安全负直接责任。落实保管责任制，责任到人，实行两人管理。管理人员需报公安部门备案，管理人员的调动需经部门主管批准，做好交接工作，并进行备案。

1.2.4　过程工程原理实验室高压钢瓶的使用知识

在过程工程原理实验中，另一类需要引起特别注意的物品就是装在高压钢瓶内的各种高压气体。过程工程原理实验中所用的高压气体种类较多，一类是具有刺激性气味的气体，如吸收实验中的氨、二氧化硫等，这类气体的泄漏一般容易被发觉；另一类是无色无味，但有毒或易燃易爆的气体，如常作为色谱载气的氢气，室温下在空气中的爆炸范围为 $4\%\sim75.2\%$（体积分数）。因此使用有毒或易燃易爆气体时，系统一定要严密不漏气，尾气要导出室外，并注意室内通风。

高压钢瓶（又称气瓶）是一种贮存各种压缩气体或液化气体的高压容器。钢瓶的容积一般为 $40\sim60L$，最高工作压力为 $15MPa$，最低的也在 $0.6MPa$ 以上。瓶内压力很高，贮存的气体可能有毒或易燃易爆，故使用气瓶时一定要掌握气瓶的构造特点和安全知识，以确保安全。

气瓶主要由筒体和瓶阀构成，其他附件还有保护瓶阀的安全帽、开启瓶阀的手轮以及使运输过程减少震动的橡胶圈。在使用时瓶阀的出口还要连接减压阀和压力表。标准高压气瓶是按国家标准制造的，经有关部门严格检验后方可使用。各种气瓶使用过程中，还必须定期送有关部门进行水压试验。经过检验合格的气瓶，在瓶肩上应用钢印打上下列资料：制造厂家、制造日期、气瓶的型号和编号、气瓶的重量、气瓶的容积和工作压力、水压试验压力、水压试验日期和下次试验日期。

各类气瓶的表面都应涂上一定颜色的油漆，其目的不仅是为了防锈，主要是能从颜色上迅速辨别钢瓶中所贮存气体的种类，以免混淆。如氧气瓶为浅蓝色，氢气瓶为暗绿色，氮气、压缩空气、二氧化碳、二氧化硫等钢瓶为黑色，氦气瓶为棕色，氨气瓶为黄色，氯气瓶为草绿色，乙炔瓶为白色。

为了确保安全，在使用气瓶时，一定要注意以下几点。

① 当气瓶受到明火或阳光等热辐射作用时，气体因受热而膨胀，使瓶内压力增大，当

压力超过工作压力时，就有可能发生爆炸。因此，在钢瓶运输、保存和使用时，应远离热源（明火、暖气、炉子等），并避免长期在日光下暴晒，尤其在夏天更应注意。

② 气瓶即使在温度不高的情况下受到猛烈撞击，或不小心将其碰倒跌落，都有可能引起爆炸。因此，钢瓶在运输过程中，要轻搬轻放，避免跌落撞击，使用时要固定牢靠，防止碰倒。更不允许用铁锤、扳手等金属器具敲打钢瓶。

③ 瓶阀是钢瓶中的关键部件，必须保护好，否则将会发生事故。

a. 若瓶内存放的是氧气、氢气、二氧化碳和二氧化硫等气体，瓶阀应用铜和钢制成。若瓶内存放的是氨气，则瓶阀必须用钢制成，以防腐蚀。

b. 使用钢瓶时，必须用专用的减压阀和压力表。尤其是氢气和氧气的减压阀不能互换，为了防止氢气和氧气两类气体的减压阀混用造成事故，氢气表和氧气表的表盘上都注明有氢气表和氧气表的字样。在氢气及其他可燃气体的瓶阀中，连接减压阀的连接管为左旋螺纹，而在氧气等不可燃烧气体瓶阀中，连接管为右旋螺纹。

c. 氧气瓶阀严禁接触油脂。高压氧气与油脂相遇，会引起燃烧，甚至会发生爆炸。因此切莫用带油污的手和扳手开关氧气瓶。

d. 要注意保护瓶阀。开关瓶阀时一定要搞清楚方向，缓慢转动，旋转方向错误和用力过猛会使螺纹受损，可能导致冲脱，造成重大事故。关闭瓶阀时，注意使气瓶不漏气即可，不要关得过紧。气瓶用完和搬运时，一定要盖上保护瓶阀的安全帽。

e. 瓶阀发生故障时，应立即报告指导教师，严禁擅自拆卸瓶阀上的任何零件。

④ 当钢瓶安装好减压阀和连接管后，每次使用前都要在瓶阀附近用肥皂水检查，确认不漏气才能使用。对于有毒或易燃易爆气体的气瓶，除了应保证严密不漏外，最好单独放置在远离过程工程原理实验室的小屋里。

⑤ 钢瓶中的气体不要全部用尽。一般钢瓶使用到压力为 0.5MPa 时，应停止使用。因为压力过低会给充气带来不安全因素，当钢瓶内的压力与外界大气压力相同时，会造成空气的进入。危险气体在充气时极易因为上述原因发生爆炸事故，这类事故已经发生过多次。

⑥ 输送易燃易爆气体时，流速不能过快，在输出管路上应采取防静电措施。

⑦ 气瓶必须严格按期检验。

1.2.5　过程工程原理实验室消防安全知识

实验操作人员必须了解消防知识。实验室内应准备一定数量的消防器材，实验人员应熟悉消防器材的存放位置和使用方法，绝不允许将消防器材移作他用。实验室常用的消防器材包括以下几种。

（1）火沙箱

易燃液体和其他不能用水灭火的危险品着火时可用沙子来扑灭。它能隔绝空气并起降温作用，达到灭火的目的。但沙中不能混有可燃性杂物，并且要干燥。潮湿的沙子遇火后因水分蒸发，易使燃着的液体飞溅。沙箱中存沙有限，实验室内又不能存放过多沙箱，故这种灭火工具只能扑灭局部小规模的火源。对于大面积火源，因沙量太少而作用不大。此外可用其他不燃性固体粉末灭火。

（2）石棉布、毛毡或湿布

这些器材适合迅速扑灭火源区域不大的火灾，也是扑灭衣服着火的常用方法。这种灭火方法的原理是通过隔绝空气达到灭火目的。

（3）泡沫灭火器

实验室多用手提式泡沫灭火器。它的外壳用薄钢板制成，内有一个玻璃胆，其中盛有硫酸铝，胆外装有碳酸氢钠溶液和发泡剂（甘草精）。灭火液由 50 份硫酸铝和 50 份碳酸氢钠及 5 份甘草精组成。使用时将灭火器倒置，立即发生化学反应，生成含 CO_2 的泡沫。此泡沫黏附在燃烧物表面上，通过在燃烧物表面形成与空气隔绝的薄层而达到灭火的目的。它适用于扑灭实验室中发生的一般火灾。油类着火在开始时可使用。但不能用于扑灭电线和电器设备火灾，因为泡沫本身是导电的，易造成扑火人触电。

（4）四氯化碳灭火器

该灭火器是在钢筒内装有四氯化碳并压入 0.7MPa 的空气，使灭火器具有一定的压力。使用时将灭火器倒置，旋开手阀即喷出四氯化碳。四氯化碳是不燃液体，其蒸气比空气重，能覆盖在燃烧物表面，使燃烧物与空气隔绝而达到灭火的目的。四氯化碳灭火器适用于扑灭电器设备的火灾，因为四氯化碳是有毒的，使用时灭火人员要站在上风侧。室内灭火后应打开门窗通风一段时间，以免中毒。

（5）二氧化碳灭火器

此类灭火器的钢筒内装有压缩的二氧化碳。使用时，旋开手阀，二氧化碳就能急剧喷出，使燃烧物与空气隔绝，同时降低空气中氧气的含量。当空气中含有 12％～15％二氧化碳时，燃烧就会停止。使用此类灭火器时要注意防止现场人员窒息。

（6）其他灭火剂

干粉灭火器可扑灭由易燃液体、气体、带电设备引发的火灾。1211（二氟一氯一溴甲烷，CF_2ClBr）灭火器适用于扑救由油类、电器、精密仪器等引发的火灾。在一般实验室内使用不多，对大型及大量使用可燃物的实验场所应配备此类灭火剂。

1.3 实验室安全用电

为保证过程工程原理实验室工作人员和国家财产的安全，保证教学、科研工作的正常开展，本着"安全第一，预防为主"的原则，实验人员应当充分了解实验室相关用电安全知识并严格遵守用电注意事项。

1.3.1 保护接地和保护接零

为防止发生触电事故，要经常检查用电导线有无裸露在外以及电器设备是否有保护接地或保护接零的措施。

（1）设备漏电测试

检查过程工程原理带电设备是否漏电，使用试电笔最为方便。它是一种测试导线和电器设备是否带电的常用电工工具，由笔端金属体、电阻、氖管、弹簧和笔尾金属体组成。大多数试电笔的笔尖为改锥形式。如果把试电笔尖端金属体与带电体接触，笔尾金属端与人的手部接触，那么氖管就会发光，而人体并无不适感觉。氖管发光说明被测物带电，使人员及时发现电器设备漏电。一般使用前要在带电的导线上预测，以检查试电笔是否正常。用试电笔检查漏电，只是定性的检查，若要得知电器设备外壳漏电的程度，就必须用其他仪表检测。

（2）保护接地

保护接地是用一根足够粗的导线，一端接在过程工程原理设备的金属外壳上，另一端接在接地体上（专门埋在地下的金属体），使设备与大地连成一体。一旦发生漏电，电流通过接地导线流入大地，降低外壳对地电压。当人体接触其外壳时，流入人体的电流很小而不致触电，电器设备接地的电阻越小，电器使用越安全。如果电路有保护熔断丝，会因漏电产生电流而使保护熔断丝熔化并自动切断电源。目前采用这种保护接地方法的实验室较少，大部分实验室采用保护接零的方法。

（3）保护接零

使用保护接零的方法是由供电系统中性点是否接地决定的。对中性点接地的供电系统采用保护接零是既方便又安全的办法。但保证用电安全的根本方法是电器设备绝缘性良好，不发生漏电现象。因此，注意检测设备的绝缘性能是防止漏电造成触电事故的最好办法。

1.3.2　实验室用电的导线选择

在实验时，还应考虑电源导线的安全截流量。不能任意增加负载，否则会导致电源导线发热，造成火灾或短路的事故。合理配线的同时还应根据线路的负载情况恰当选配保护熔断丝，保护熔断丝的规格不能过大也不能过小。规格过大会失去保护作用，规格过小则在正常负荷下保险丝也会熔断而影响工作。

1.3.3　实验室安全用电注意事项

过程工程原理实验中的电器设备较多，如对流传热系数的测定、干燥速率曲线的测定等实验所用的设备的用电负荷都较大。在接通电源之前，必须认真检查电器设备和电路是否符合规定要求，对直流电设备应检查正负极是否接对；必须搞清楚整套实验装置的启动和停车操作顺序，以及紧急停车的方法。注意安全用电极为重要，对电器设备必须采取安全措施，操作者必须严格遵守下列操作规定：

① 进行实验之前必须了解室内总电闸与分电闸的位置，以便出现用电事故时及时切断各电源。

② 电器设备维修时必须停电作业。

③ 带金属外壳的电器设备都应该保护接零，定期检查是否连接良好。

④ 导线的接头应紧密牢固，接触电阻要小。裸露的接头部分必须用绝缘胶布包好，或者用绝缘管套好。

⑤ 所有的电器设备在带电时不能用湿布擦拭，更不能有水落于其上。电器设备要保持干燥清洁。

⑥ 电源或电器设备上的保护熔断丝或保险管都应按规定电流标准使用。严禁私自加粗保险丝及用铜或铝丝代替。当熔断保险丝后，一定要查找原因，消除隐患，而后再换上新的保险丝。

⑦ 电热设备不能直接放在木制实验台上使用，必须用隔热材料垫架，以免引起火灾。

⑧ 发生停电现象时，必须切断所有的电闸，防止操作人员离开现场后，因突然供电而导致电器设备在无人监控下运行。

⑨ 合闸动作要快，要合得牢。合闸后若发现异常声音或气味，应立即拉闸，进行检查。如发现保险丝熔断，应立即检查带电设备是否有问题，切忌不经检查便换上熔断丝或保险管就再次合闸，造成设备损坏。

⑩ 离开实验室前，必须把分管本实验室的总电闸放下。

1.4 实验规划与流程设计

1.4.1 实验规划

实验规划又称实验设计，从 20 世纪 50 年代起，实验规划作为数学的一个重要分支，以数理统计原理为基础，起初是在生物科学上发展起来的，其后就迅速应用于自然科学、技术科学和管理科学等各个领域，并取得了令人瞩目的成就。在过程工程原理实验过程中，如何组织实验、如何安排实验点、如何选择检测变量、如何确定变化范围等都属于实验规划的范畴。

对于任何科学研究，实验是最耗费时间、精力和物力的，整个研究过程的主要成本也总是花在实验方面。所以一个好的实验设计要能以最少的工作量获取最大的信息，这样不仅可以大幅度地节省研究成本，而且往往会有事半功倍的效果。反之，如果实验计划设计不周，不仅费时、费力、费钱，而且可能导致实验结论错误。

过程工程原理中的实验工作大致可以归纳为以下两大类型。

（1）析因实验

影响某一过程或对象的因素可能有许多，如物性因素、设备因素、操作因素等。究竟哪几种因素对该过程或对象有影响，哪些因素的影响比较大，需在过程研究中着重考察；哪些因素的影响比较小可以忽略，哪些变量之间的交互作用会对过程产生不可忽视的影响，这些都是实验者在面对一个陌生的新过程时首先要考虑的问题。通常解决这一问题的途径主要是根据有关化工基础理论知识加以分析，或者直接通过实验来进行鉴别。由于化工过程的复杂性，即使是经验十分丰富的工程技术人员，也往往难以做出正确的判断，因此必须通过一定的实验来加深对过程的认识。从这一点上说，析因实验也可以称为认识实验。在开发新工艺或新产品的初始阶段，往往需要借助析因实验。

（2）过程模型参数的确定实验

无论是经验模型还是机理模型，其模型方程式中都包含一个或数个参数，这些参数反映了过程变量间的数量关系，同时也反映了过程中一些未知因素的影响。为了确定这些参数，需要进行实验以获得实验数据，再利用回归或拟合的方法来求取参数值。要说明的是，机理模型和半经验半理论模型是先通过对过程机理的分析建立数学模型方程，再有目的地组织少量实验拟合模型参数。经验模型往往是先通过足够的实验研究变量间的相互关系，然后通过对实验数据的统计回归处理得到相互的经验关联式，而事先并无明确的目的要建立什么样的数学模型。因此，所有的经验模型都可以看成是变量间关系的直接测定产物。

1.4.2 实验范围与实验布点

在过程工程原理实验规划中，正确确定实验变量的变化范围和安排实验点的位置是十分重要的。如果变量的范围或实验点的位置选择不恰当，不但会浪费时间、人力和物力，而且可能导致错误的结论。

例如，在过程工程原理的流体流动阻力测定实验中，通常希望获得摩擦阻力系数 λ 和雷诺数 Re 之间的关系，实验结果可标绘在双对数坐标系中。在小雷诺数范围内，λ 随 Re 的增大逐渐变小，且变化趋势逐渐平缓；当 Re 增大到一定数值时，λ 则接近某一常数而不再变化，此即阻力平方区。若想用有限的实验次数正确地测定 λ 和 Re 的关系，在实验布点时，应当有意识地在小雷诺数范围内多安排几个实验点，而在大雷诺数范围内适当少布点。倘若曲线部分布点不足，即使总的实验点再多，也很难正确反映 λ 随 Re 的变化规律。

再如，在测定离心泵效率特性曲线的实验中，一般随流量 Q 的增大，离心泵效率 η 先随之增大，在到达最高点后，流量 Q 再增大，泵的效率 η 反而随之降低。所以在组织该实验时，应特别注意正确确定流量的变化范围和恰当布点。如果变化范围的选择过于窄小，则得不到完整的正确结果；若根据有限范围内进行的实验所得结论外推，则将得到错误的结果。

这两个过程工程原理实验的例子说明，不同实验点提供的信息是不同的。如果实验范围和实验点的选择不恰当，即使实验点再多，实验数据再精确，也达不到预期的实验目的。

如果实验设计不恰当，而试图靠精确的实验技巧或高级的数据处理技术加以弥补，得不偿失，甚至是徒劳的。相反，选择适当的实验范围和实验点的位置，即使实验数据稍微粗糙一些，数据少一些，也能达到实验目的。因此，在过程工程原理实验中，恰当的实验范围和实验点位置比实验数据的精确性更为重要。

1.4.3　实验设计方法

实验规划就是实验设计方法的讨论，属于数理统计的范畴。关于这方面内容的专著很多，本节仅从过程工程原理实验应用的角度，介绍几种常用的方法。

（1）网格实验设计方法

在确定了过程工程原理实验变量数和每个变量的实验水平数后，在实验变量的变化范围内，按照均匀布点的方式，将各变量的变化水平逐一搭配构成一个实验点，这就是网格实验设计方法。

显而易见，网格实验方法是把实验点安排在网格的各节点上。若实验变量数为 n，实验水平数为 m，则完成整个实验所需的实验次数为 $m \times n$。显然，当过程的变量数较大时，实验次数显著增加。对于过程工程原理实验，涉及的变量除了物性变量，如黏度、密度、比热容外，通常还要涉及流量、温度、压力、组成、设备结构尺寸等变量。因此，除了一些简单的过程实验，采用网格法安排实验是很不经济的，当设计的变量较多时，更不适合采用此方法。

（2）正交实验设计方法

用正交实验表安排多变量实验的方法称为正交实验设计法，这也是科技人员进行科学研究的重要方法之一。该方法的特点是：完成实验所需的实验次数少；数据点分布均匀；可以方便地应用方差分析方法、回归分析方法等对实验结果进行处理，获得许多有价值的重要结论。

对于变量较多和变量间存在相互影响的情况，采用正交实验方法可以带来许多方便，不仅实验次数可较网格法减少许多，而且通过对实验数据的统计分析处理，可以直接获得因变量与各自变量之间的关系式，还可通过鉴别出各自变量（包括自变量之间的相互作用）对实验结果影响程度的大小，从而确定哪些变量对过程是重要的，需要在研究过程中重点考虑，哪些变量的影响是次要的，可在研究过程中做一般考虑，甚至忽略。

（3）均匀实验设计方法

这是我国数学家方开泰运用数论方法，单纯地从数据点分布的均匀性角度出发所提出的一种实验设计方法。该方法是利用均匀设计表来安排实验，所需的实验次数要少于正交实验方法。当实验的水平数大于 5 时，宜选择采用该方法。

（4）序贯实验设计方法

传统的实验设计方法都是一次完成实验设计，当实验全部完成之后，再对实验数据进行分析处理。显然，这种先实验、后整理的研究方法是不尽合理的。一个有经验的科技人员总是会不断地从实验过程中获取信息，并结合专业理论知识加以判断，对不合理的实验方案及时进行修正，从而少走弯路。

因此，边实验边对实验数据进行整理，并据此确定下一步研究方向的实验方法才是一种合理的方法。在以数学模型参数估计和模型筛选为目的的实验研究过程中，宜采用此类方法。序贯实验设计方法的主要思想是：先做少量实验，以获得初步信息，丰富研究者对过程的认识；然后在此基础上做出判断，以确定和指导后续实验的条件和实验点的位置。这样，信息在研究过程中有交流、有反馈，能最大限度地利用已进行的实验所提供的信息，将后续的实验安排在最优的条件下进行，从而节省大量的人力、物力和财力。

1.4.4　实验流程设计

流程设计是过程工程原理实验中的一项重要的工作内容。由于过程工程原理实验装置是由各种单元设备和测试仪表通过管路、管件、阀门等以系统合理的方式组合而成的整体，因此，在掌握实验原理，确定实验方案后，要根据前两者的要求和规定进行实验流程设计，并根据设计结果搭建实验装置，完成实验任务。

1.4.4.1　实验流程设计的内容及一般步骤

过程工程原理实验流程设计一般包括以下内容。

（1）选择主要设备

例如，在测定离心泵特性曲线的有关实验中，选择不同型号及性能的泵；在精馏实验中选择不同结构的板式塔或填料塔；在传热实验中选择不同结构的换热器等。

（2）确定主要检测点和检测方法

过程工程原理实验就是要通过对实验装置进行操作以获取相关的数据，并通过对实验数据的处理获得设备的特性或过程的规律，进而为工业装置或工业过程的设计与开发提供依据。所以为了获取完整的实验数据，必须设计足够的检测点并配备有效的检测手段。在实验中，需要测定的数据一般可分为工艺数据和设备性能数据两大类。工艺数据包括物体的流量、温度、压力及浓度等数据，以及主体设备的操作压力和湿度等数据；设备性能数据包括主体设备的特征尺寸、功率、效率或处理能力等。需要指出的是，这里所讲的两大类数据是要直接测定的原始变量数据，不包括通过计算获得的中间数据。

（3）确定控制点和控制手段

一套设计完整的过程工程原理实验装置必须是可操作和可控制的。可操作是指既能满足正常操作的要求，又能满足开车和停车等操作的要求；可控制是指能控制外部活动的影响。为满足这两点要求，设计流程必须考虑完备的控制点和控制手段。

过程工程原理实验流程设计的一般步骤如下：

① 根据实验的基本原理和实验任务选择主体单元设备，再根据实验需要和操作要求配套附属设备。

② 根据实验原理找出所有的原始变量，据此确定检测点和检测方法，并配置必要的检测仪表。

③ 根据实验操作要求确定控制点和控制手段，并配置必要的控制或调节装置。

④ 画出实验流程图。

⑤ 对实验流程的合理性做出评价。

1.4.4.2　实验流程图的基本形式及要求

在过程工程原理设计中，通常都要求设计人员给出工艺过程流程图（process flow diagram，PFD）和带控制点的管道流程图（piping and instrumentation diagram，PID）。这两者都称为流程图，且部分内容相同，但前者主要包括物流走向、主要工艺操作条件、物流组成和主要设备特性等内容；后者包括所有的管道系统以及检测、控制、报警等系统，两者在设计中的作用是不相同的。

在过程工程原理实验中，要求学生给出带控制点的实验装置流程示意图，一般由三个部分内容组成：画出主体设备及附属设备（仪器）的示意图；用标有物流方向的连线（表示管路）将各设备连接起来；在相应设备或管路上标注检测点和控制点。检测点用代表物理变量的符号加"I"表示，例如用"PI"表示压力检测点，"TI"表示温度检测点，"FI"表示流量检测点，"LI"表示液位检测点等，控制点则用代表物理量的符号加上"C"表示。

第2章　实验误差分析与实验数据处理

2.1　实验误差分析

2.1.1　实验误差分析的重要性

在实验过程中，观测值和真值之间在一定程度上存在着数值上的差异，该差异称为误差。在测量时，由于测量环境的影响，测量所用仪器或工具本身精度的限制，测试方法的不完善以及测试人员观察力和经验等的限制，使得误差不可避免地存在着。

随着科学水平的提高及实验人员经验、技巧和专业知识的提高，实验中的误差可以逐渐缩小，但无法完全消除，误差始终存在于实验过程之中。

通过对实验误差进行分析和讨论，可以认清误差的来源及影响，从而使误差控制在一定范围内，并尽可能减小误差值。根据分析结果，实验人员有可能预先确定测量数据值偏离期望值的程度，并设法排除数据中所包含的无效成分，进一步改进实验方案以补偿这种偏离程度。实验误差分析也提醒实验人员认清误差形成的规律，精心操作，减少人为的误差因素，使实验的准确度得以提高。

2.1.2　实验数据的有效数字及记数法

在实验过程中，通常用数字的形式来表示测量结果或计算的量，而这些数字即为欲测量的近似值。究竟对这些近似值应该用几位数字来表示才合适呢？对于这一问题，往往被认为一个数值中小数点后面位数越多就越准确，而实际上，小数点后的位数取决于所选的单位，而不决定准确度。实验中从测量仪表上所读取数值的位数取决于测量仪表的精度，其最后一位数字往往是仪表精度所决定的估计数字。例如，某液位计量尺的最小分度为 1mm，则读数可以到 0.1mm。如在测定时液位高度在 316mm 与 317mm 的刻度值中间，则应记液面高为 316.5mm，该值前三位可在计量尺上直接准确地读出，最后一位则是估计的，是非准确的，该四位数字均为有效数字。如液位恰在 316mm 刻度上，该数据应记为 316.0mm，若记为 316mm，则失去一位（末位）有效数字。由上例可见，当液位高度为 316.5mm 时，最大误差为 ±0.5mm。

2.1.2.1 有效数字

实验中得到的数据，除最后一位为可疑或不完全确定的数字外，其余均为确定数字，这样的一组数称为有效数字。这一组数有几位就称几位有效数字。如 0.0037 只有两位有效数字，而 370.0 则有四位有效数字。与精度无关的"0"不是有效数字，如 0.0037 中的 0.00；与精度有关的"0"是有效数字，如 370.0 中的最后一个 0 是有效数字。要注意有效数字不一定都是可靠数字。如测流体阻力所用的 U 形管压差计，最小刻度是 1mm，但实验人员可以读到 0.1mm，如 324.4mm，此时有效数字为四位，而可靠数字只有三位，最后一位不可靠，称为可疑数字。记录测量数值时只可保留一位可疑数字。

请看表 2-1 中各数的有效数字的位数。

表 2-1　有效数字的位数

数字举例		有效数字的位数
1.0008	43181	五位有效数字
0.1000	10.98%	四位有效数字
0.0382	1.98×10^{-10}	三位有效数字
54	0.0040	两位有效数字
0.05	2×10^5	一位有效数字

为了清楚地读出有效数字位数，常用指数的形式表示，即写成一个小数与相应 10 的整数幂的乘积，这种以 10 的整数幂来记数的方法称为科学记数法。

请看表 2-2 中数字的科学记数法举例。

表 2-2　数字的科学记数法举例

举例数字	有效数字的位数	指数的形式
85100	有效数字为四位时	记为 8.510×10^4
	有效数字为三位时	记为 8.51×10^4
	有效数字为两位时	记为 8.5×10^4
0.00578	有效数字为四位时	记为 5.780×10^{-3}
	有效数字为三位时	记为 5.78×10^{-3}
	有效数字为两位时	记为 5.8×10^{-3}

2.1.2.2 有效数字的运算法则

① 记录测量数值时，准确数值后的第一位估计值是可疑数字，作为有效数值保留下来，其余的估计值一律舍弃。

舍弃的原则遵循四舍六入法，即末位有效数字后边第一位数小于 5，则舍弃不计；大于 5 则在前一位数上增 1；等于 5 时，前一位为奇数，则进 1 为偶数，前一位为偶数，则舍弃不计。这种舍入原则可简述为：小则舍，大则入，正好等于奇变偶。

如保留四位有效数字时，5.71729→5.717；6.14285→6.143；8.62356→8.624；4.3765→4.376。

② 在加减运算中，各计算数据以小数点后位数最少的数据为基准，其余各数据在计算

18

时可以在基准上多保留一位，但最后的计算结果应与基准数据的小数位数相同。

　　例如将 24.65、0.0082、1.632 三个数字相加时，24.65 小数点后仅有两位，以此为基准，计算结果也保留小数点后两位数值，故写为 24.65＋0.008＋1.632＝26.29。

　　③ 在乘除运算中，以有效数字最少的数据为基准，即以相对误差最大的项为准（结果的相对误差与各项中最大相对误差相同）。

　　如 0.0121×25.64×1.05782 中，0.0121 的相对误差为 1/121＝0.8%，25.64 的相对误差为 1/2564＝0.04%，1.05762 的相对误差为 1/105782＝0.00009%。相对误差最大的项为 0.0121，故以 0.0121 为基准，计算结果保留三位有效数学，上式相当于 0.0121×25.6×1.06＝0.328。

　　④ 在对数计算中，对数的计算结果其小数点后的位数与对数真数所有有效数字的位数相同。如 lg317.2＝2.5013，lg44.9＝1.652。

　　⑤ 在乘方、开方运算中，原近似值有几位有效数字，计算结果就保留几位有效数字。

2.1.3　平均值

　　真值是某一物理量客观存在的确定值，但通常真值是一个理想的概念，并无法准确测得的。在实验中，由于测量装置、测量环境及测量人员等引起的随机误差多具有呈正态分布的特征，当对某一物理量经过无限多次的测量，根据随机误差的正态分布规律，正负误差出现的概率相等，使随机误差相互抵消。因此，对测量值求平均，可以获得非常接近于真值的数值。由于实际上实验测量的次数总是有限的，由此得出的平均值只能近似于真值。实验中常用的平均值有下列几种。

　　(1) 算术平均值

　　算术平均值是最常见的一种平均值。

　　设 x_1，x_2，$\cdots$，x_n 为各次测量值，n 代表测量次数，则测量值的算术平均值为

$$\overline{x} = \frac{x_1 + x_2 + \cdots + x_n}{n} = \frac{\sum\limits_{i=1}^{n} x_i}{n} \tag{2-1}$$

　　(2) 几何平均值

　　几何平均值是将一组 n 个测量值连乘并开 n 次方求得的平均值。即

$$\overline{x}_n = \sqrt[n]{x_1 \cdot x_2 \cdot \cdots \cdot x_n} \tag{2-2}$$

　　(3) 均方根平均值

$$\overline{x}_{均} = \sqrt{\frac{x_1^2 + x_2^2 + \cdots + x_n^2}{n}} = \sqrt{\frac{\sum\limits_{i=1}^{n} x_i^2}{n}} \tag{2-3}$$

　　(4) 对数平均值

　　在化学反应、热量和质量传递中，数据的分布曲线多具有对数的特性，在这种情况下表征平均值常用对数平均值。

　　设两个量 x_1，x_2，其对数平均值为

$$\overline{x}_{对} = \frac{x_1 - x_2}{\ln x_1 - \ln x_2} = \frac{x_1 - x_2}{\ln \dfrac{x_1}{x_2}} \tag{2-4}$$

　　应指出，变量的对数平均值总小于算术平均值。当 $x_1/x_2 \leqslant 2$ 时，可以用算术平均值代

替对数平均值。

当 $x_1/x_2=2$ 时，$\overline{x}_{对}=1.443$，$\overline{x}=1.5$，$|\overline{x}_{对}-\overline{x}|/\overline{x}_{对}=4.0\%$，即当 $x_1/x_2\leqslant2$ 时，引起的误差不超过 4.0%。该误差在工程计算的允许范围内，可以用算术平均值代替对数平均值。

以上介绍各类平均值的目的是实验时需要从一组测量值中找出最接近真值的那个值。由此可知，平均值的选择主要取决于一组测量值分布的类型。在化工实验和科学研究中，数据的分布多属于正态分布，故多采用算术平均值。

2.1.4 误差的表示方法

利用任何量具或仪器进行测量时，总存在误差，测量结果总不可能准确地等于被测量的真值，而只是它的近似值。测量的质量高低以测量精确度为指标，根据测量误差的大小来估计测量的精确度。测量结果的误差越小，则可认为测量就越精确。

（1）绝对误差

测量值与真值之差的绝对值称为测量值的误差，即绝对误差，记为

$$d=X-A_0 \tag{2-5}$$

式中，d 为绝对误差；X 为测量值；A_0 为真值。由于真值 A_0 一般无法求得，因而上式只有理论意义。在实际工作中常以最佳值（常用高一级标准仪器的示值）A 代替 A_0。

过程工程原理实验中最常用的是 U 形管压差计、转子流量计、秒表、量筒等仪表，原则均取这些仪器的最小刻度值为最大误差，取这些仪器的最小刻度值的一半作为绝对误差计算值。

（2）相对误差

绝对误差与真值之比称为相对误差，记为

$$E=\frac{d}{A_0}\times100\% \tag{2-6}$$

式中，真值 A_0 一般为未知，常用最佳值 A 代替。

绝对误差的量纲与被测物理量的量纲相同，相对误差无量纲，不同物理量的相对误差可以相互比较，因此评定测量结果的精密程度以相对误差更为合理。

（3）算术平均误差

算术平均误差是各个测量点的误差的平均值，其定义式为

$$\overline{d}=\frac{\sum_{i=1}^{n}|d_i|}{n}\quad(i=1,2,\cdots,n) \tag{2-7}$$

式中 d_i——第 i 次测量值的误差；

$\overline{d}$——测量结果的算术平均误差；

n——测量次数。

算术平均误差可以说明测量结果的好坏。

（4）绝对偏差、相对偏差与平均偏差

绝对偏差是指在一组测量值中，某一次测量值与测量平均值之间的差异。

相对偏差是指某一次测量值的绝对偏差占测量平均值的百分比。

平均偏差是指各个测量值和测量平均值之差的平均值，不考虑正负号。

$$平均偏差 = \frac{\sum\limits_{i=1}^{n} |x_i - \overline{x}|}{n} \quad (i = 1, 2, \cdots, n) \tag{2-8}$$

式中　$\overline{x}$——测量的平均值（$= \sum x_i / n$）；

x_i——个别测量值；

n——测量次数。

误差是测量值与真值之间的差值。用误差衡量测量结果的准确度，用偏差衡量测量结果的精密度；误差是以真实值为标准，偏差是以多次测量结果的平均值为标准。误差与偏差的含义不同，必须加以区别。

（5）标准误差

标准误差亦称为均方根误差，当测定次数为无穷，其定义式为

$$\sigma = \sqrt{\frac{\sum\limits_{i=1}^{n} d_i^2}{n}} \tag{2-9}$$

在有限次测定中，标准误差用下式表示

$$\sigma = \sqrt{\frac{\sum\limits_{i=1}^{n} d_i^2}{n-1}} \tag{2-10}$$

标准误差不是一个具体的误差，它的大小只说明在一定条件下等精度测量集合所属的每一个观测值与其算术平均值的分散程度，它不仅与一组测定值中的每个数据有关，而且对其中较大误差或较小误差的敏感性很强。实验越精确，σ 值越小。

例：压力的 5 次测量结果（单位为 Pa）为 98294，98306，98298，98301，98291，则算术平均值为

$$\overline{x}_i = \frac{1}{5} \sum_{i=1}^{n} x_i = 98298$$

算术平均误差为

$$\overline{d} = \frac{1}{5} \sum_{i=1}^{n} |x_i - \overline{x}_i| = 4 \tag{2-11}$$

标准误差为

$$\sigma = \sqrt{\frac{\sum\limits_{i=1}^{n} (x_i - \overline{x}_i)^2}{5-1}} = 6 \tag{2-12}$$

2.1.5　误差的分类

根据误差的性质和产生的原因，误差一般分为三类。

（1）系统误差

系统误差又称为可测误差，是由某种确定因素造成的，它对测定结果的影响比较固定，在同一条件下重复测定时，它会重复出现。

根据产生的原因，系统误差分为方法误差、仪器或试剂误差和操作误差。

方法误差是由于不适当的实验设计或所选的实验方法不恰当造成的。如重量分析中，沉

淀的溶解会使分析结果偏低，而沉淀吸附杂质，又会使结果偏高。

仪器或试剂误差是由于仪器零件制造不标准、安装不正确、仪器未经校准或试剂不合格的原因造成的。如称重时，天平砝码不够精确；配标准溶液时，容量瓶刻度不准确；对试剂而言，杂质与水的纯度也会造成误差。

操作误差是由于分析操作不规范造成的，如标准物未干燥完全就进行称量。

针对仪器的缺点、外界条件变化影响的大小、个人的偏向，分别进行校正后，系统误差是可以消除的。

（2）随机误差

随机误差也称为偶然误差，是由很多无法估计的、各种各样的随机原因造成的。

随机误差与系统误差不同，其误差的数值和符号不确定，不能从实验中消除。但是在足够多次的等精度测量后，就会发现随机误差的大小或正负的出现完全由概率决定，服从统计规律。因此，随着测量次数的增加，随机误差的算术平均值趋近于零，多次测量后结果的算术平均值将更接近于真值。

（3）过失误差

过失误差是一种观测结果与事实不符的误差，它是由于实验人员粗心大意如读数错误、记录错误或操作失误等原因引起的。此类误差无规则可循，如果确定是过失引起的，其测定结果必须舍去，并重新测定。其实只要实验人员加强责任心，严格按照规程操作，过失误差是完全可以避免的。

2.1.6　准确度和精密度

（1）准确度

准确度：是指测定值与真值之间的符合程度。客观上来讲，绝对真值难以获得，因而，准确度可定义为，测定值与公认的真值相符合的程度。

准确度一般用绝对误差或相对误差来表示。它反映系统误差对实验结果的影响程度，准确度高就表示系统误差小。

（2）精密度

精密度：是指多次重复测定同一量时，各测定值之间彼此相符合的程度，即反映了测定结果的可重复性。

精密度一般用测定值与平均值之差（偏差）、极差、标准差或方差来量度。多次的测定值与平均值的差别越小，则精密度越高。它反映了随机误差对测定值的影响程度，精密度越高则随机误差小，获得真实值的机会就越多。

（3）准确度与精密度的关系

准确度和精密度是两个不同的概念，但它们之间有一定的关系。应当指出的是，测定的准确度高，测定结果也越接近真实值。但不能绝对认为精密度高，准确度也高，因为系统误差的存在并不影响测定的精密度，相反，如果没有较好的精密度，就很少可能获得较高的准确度。可以说精密度是保证准确度的先决条件。

例如甲、乙、丙、丁四个人同时用碘量法测定某铜矿中 CuO 的含量（真实含量为 37.4%），每人测定了 4 次，其结果如图 2-1 所示。分析此结果精密度与准确度的关系。

由图 2-1 可知，甲所得结果的准确度和精密度都好，结果可靠；乙的结果精密度高，但准确度较低；丙的精密度和准确度都很差；丁的分析结果相差较远，精密度太差，其平均值虽然也接近真值，但这是由于正负误差相互抵消所致，如果只取 2 次或 3 次测量值计算平均

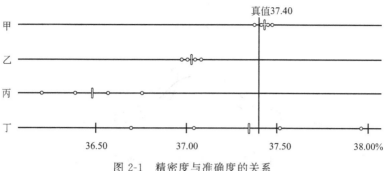

图 2-1 精密度与准确度的关系

数，结果会与真实值相差很大，因此这个结果是凑巧的，不可靠。

综上所述，可得到如下结论。

① 精密度是保证准确度的先决条件，精密度差，所得结果不可靠，就失去衡量准确度的前提；

② 精密度高不一定能保证准确度高；准确度高一定伴随着高的精密度。

2.1.7　重复性和再现性

（1）重复性

一个实验人员，在一个指定的实验室中，用同一套给定的实验仪器，对同样的某物理量进行反复测量，所得测量值接近的程度。

（2）再现性

由不同实验室的不同实验人员和仪器，共同对同样的某物理量进行反复测量，所得测量值接近的程度。

2.1.8　误差的基本性质

在过程工程原理实验中通常通过直接测量或间接测量得到实验数据，为了考察这些实验数据的可靠程度并提高其可靠性，必须研究在给定条件下误差的基本性质和变化规律。

2.1.8.1　误差的正态分布

测量数列中消除了系统误差和过失误差后，多次重复测定仍然会有所不同，具有分散的特性。从大量的实验中发现随机误差的大小有如下特征：

① 单峰性：绝对值小的误差比绝对值大的误差出现的机会多，即误差的概率与误差的大小有关。当误差等于零时，y 值最大，呈现一个峰值，故称为单峰性。

② 对称性：绝对值相等的正误差或负误差出现的次数相当，即误差的概率相同，故称为对称性。

③ 有界性：极大的正误差或负误差出现的概率都非常小，即大的误差一般不会出现，故称为有界性。

④ 抵偿性：随着测量次数的增加，随机误差的算术平均值趋近于零，故称为抵偿性。

根据误差的上述特征，绘制随机误差出现的概率分布图（如图 2-2 所示）。

图 2-2 中横坐标 x 表示随机误差，纵坐标 y 表示误差出现的概率，图 2-2 中 1、2、3 分别为不同 σ 值的 $f(x)$ 曲线，图 2-2 中曲线称为误差分布曲线，以 $y=f(x)$ 表示。其数学表达式由高斯提出，具体形式为

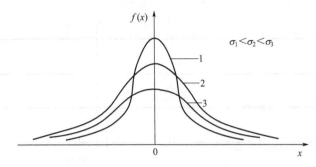

图 2-2　随机误差的概率分布图

$$y = \frac{1}{\sqrt{2\pi}\sigma} e^{-\frac{x^2}{2\sigma^2}} \qquad (2-13)$$

或

$$y = \frac{h}{\sqrt{\pi}} e^{-h^2 x^2} \qquad (2-14)$$

上式称为高斯误差分布定律，亦称为误差方程。

若误差按上述函数关系分布，则称为正态分布。图 2-3 中 1、2、3 分别为不同 σ 值的 $f(x)$ 曲线。σ 越小，分布曲线的峰越高且越窄；σ 越大，分布曲线越平坦且越宽，如图 2-3 所示。由此可知，σ 越小，小误差占的比重越大，测量精密度越高。反之则大误差占的比重越大，测量精密度越低。

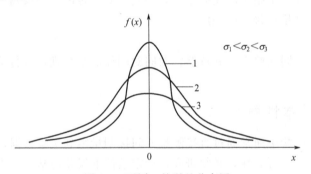

图 2-3　不同 σ 的误差分布图

2.1.8.2　可疑观测值的舍弃

在进行一系列重复测定时，所得结果中某一值往往会呈现出与其他值有显著的差异，这时，需要决定这个结果是舍弃还是保留。对于相对少的观测次数来说，Q 检验是统计学上一种最恰当的方法。

将一系列的数据按照递减顺序排列，计算可疑值的 Q 值 [公式(2-15)]，将计算的 Q 值与 Q 的表值（见表 2-3）进行比较，若计算所得 Q 值等于或大于表值中的 Q，则可疑的测定值可以舍弃。

表 2-3　Q 的表值

测定次数 n	$Q(90\%)$	$Q(95\%)$	$Q(99\%)$
3	0.90	0.97	0.99
4	0.76	0.84	0.93
5	0.64	0.73	0.82

测定次数 n	$Q(90\%)$	$Q(95\%)$	$Q(99\%)$
6	0.56	0.64	0.74
7	0.51	0.59	0.68
8	0.47	0.54	0.63
9	0.44	0.51	0.60
10	0.41	0.49	0.57

$$Q = \frac{X_{n+1} - X_n}{X_{\max} - X_{\min}} \tag{2-15}$$

若将误差 x 以标准误差 σ 的倍数表示，即 $x = t\sigma$，则在 $\pm t\sigma$ 范围内出现的概率为 $2\Phi(t)$，超出这个范围的概率为 $1 - 2\Phi(t)$。$\Phi(t)$ 称为概率函数，表示为

$$\Phi(t) = \frac{1}{\sqrt{2\pi}} \int_0^t e^{\frac{t^2}{2}} \mathrm{d}t \tag{2-16}$$

$2\Phi(t)$ 与 t 的对应值，在有关书籍中均附有此类积分表，读者需要时可自行查取。在使用积分表时，需已知 t 值，然后给出几个典型及其相应的超出或不超出 $|x|$ 的概率。

2.1.9　函数误差

上述讨论的主要是直接测量的误差计算问题，但在许多场合下，常涉及间接测量的变量。所谓间接测量是通过直接测量的量建立一定的函数关系，并根据函数关系确定被测定的量，如传热问题中的传热速率。因此，间接测量值就是直接测量得到的各个测量值的函数，其测量误差是各个直接测量值误差的函数。

2.1.9.1　函数误差的一般形式

在间接测量中，一般为多元函数，而多元函数可用下式表示：

$$y = f(x_1, x_2, \cdots, x_n)$$

式中　y——间接测量值；

x_n——直接测量值。

由泰勒级数展开得

$$\Delta y = \frac{\partial f}{\partial x_i} \Delta x_1 + \frac{\partial f}{\partial x_2} + \cdots + \frac{\partial f}{\partial x_n} \tag{2-17}$$

或

$$\Delta y = \sum_{i=1}^n \frac{\partial f}{\partial x_i} \Delta x_i \tag{2-18}$$

它的最大绝对误差为

$$\Delta y = \left| \sum_{i=1}^n \frac{\partial f}{\partial x_i} \Delta x_i \right| \tag{2-19}$$

式中　$\dfrac{\partial f}{\partial x_i}$——误差传递级数；

Δx_i——直接测量值的误差；

Δy——间接测量值的最大绝对误差。

2.1.9.2　函数误差的计算

① 设函数 $y = x \pm z$，变量 x、z 的标准误差分别为 σ_x、σ_z。

由于误差的传递系数 $\dfrac{\partial y}{\partial x}=1$，$\dfrac{\partial y}{\partial z}=\pm 1$ 则：

函数极限误差

$$\Delta y=|\Delta x|+|\Delta z| \tag{2-20}$$

函数标准误差

$$\sigma_y=(\sigma_x^2+\sigma_z^2)^{\frac{1}{2}} \tag{2-21}$$

② 设 $y=\dfrac{kxz}{w}$，变量 x、z、w 的标准误差为 σ_x、σ_z、σ_w。

由于误差传递系数分别为

$$\frac{\partial y}{\partial x}=\frac{kx}{w}=\frac{y}{x},\quad \frac{\partial y}{\partial z}=\frac{kx}{w}=\frac{y}{w},\quad \frac{\partial y}{\partial w}=\frac{kxz}{w^2}=\frac{y}{w}$$

则函数的相对误差为

$$\Delta y=|\Delta x|+|\Delta z|+|\Delta w| \tag{2-22}$$

函数的标准误差为

$$\sigma_y=k\left[\left(\frac{z}{w}\right)^2\sigma_x^2+\left(\frac{x}{w}\right)^2\sigma_z^2+\left(\frac{x}{w^2}\right)^2\sigma_w^2\right]^{\frac{1}{2}} \tag{2-23}$$

③ 设函数 $y=a+bx^n$，变量 x 的标准误差为 σ，a、b、n 为常数。

由于误差传递系数为

$$\frac{\mathrm{d}y}{\mathrm{d}x}=nbx^{n-1} \tag{2-24}$$

则函数的误差为

$$\Delta y=|nbx^{n-1}\Delta x| \tag{2-25}$$

函数的标准误差为

$$\sigma_y=nbx^{n-1}\sigma_x \tag{2-26}$$

④ 设函数 $y=k+n\ln x$，变量 x 的标准误差为 σ_x，k、n 为常数。

由于误差传递系数为

$$\Delta y=\left|\frac{n}{x}\times\Delta x\right| \tag{2-27}$$

函数的标准误差为

$$\sigma_y=\frac{n}{x}\times\Delta x \tag{2-28}$$

⑤ 算术平均值的误差。

由算术平均值的定义知

$$M_m=\frac{M_1+M_2+\cdots+M_n}{n} \tag{2-29}$$

其误差传递系数为

$$\frac{\partial M_m}{\partial M_i}=\frac{1}{n}\qquad i=1,2,\cdots,n \tag{2-30}$$

则算术平均值的误差

$$\Delta M_m=\frac{\displaystyle\sum_{i=1}^{n}|\Delta M_i|}{n} \tag{2-31}$$

算术平均值的标准误差

$$\sigma_m = \left(\frac{1}{n^2} \sum_{i=1}^{n} \sigma_i^2\right)^{\frac{1}{2}} \qquad (2\text{-}32)$$

当 M_1，M_2，…，M_n 是同组等精度测量值，它们的标准误差相等，并等于 σ。所以

$$\sigma_m = \frac{\sigma}{\sqrt{n}} \qquad (2\text{-}33)$$

除上述讨论由已知各变量的误差或标准误差计算函数误差外，还可以应用于实验装置的设计和实验装置的改进。在实验装置设计时，要选择仪表的精度，即由预先给定的函数误差（实验装置允许的误差）求取各测量值（直接测量）所允许的最大误差，但由于直接测量的变量不止一个，在数学上则是不定解。为了获得唯一解，假定各变量的误差对函数的影响相同，这种设计的原则称为等效应原则或等传递原则，即

$$\sigma_y = \sqrt{n}\left(\frac{\partial f}{\partial x_i}\right)\sigma_i \qquad (2\text{-}34)$$

或

$$\sigma_i = \frac{\sigma_y}{\sqrt{n}\left(\dfrac{\partial f}{\partial x_i}\right)} \qquad (2\text{-}35)$$

2.2 实验数据处理

实验数据处理是整个实验过程的重要环节。实验数据处理的目的是把数据形式表达的实验结果，去伪存真、去粗取精后，转换成各变量之间的定量关系，以便进一步分析实验现象，得出规律，指导研究、开发、设计与生产。

实验数据处理通常有三种方法，即列表法、图示法、数学模型法。

下面将简要介绍上述三种方法。

2.2.1 列表法

将实验数据按自变量与因变量的对应关系列出数据表格形式即为列表法。列表法具有制表容易、简单、紧凑、数据便于比较的优点，是绘制曲线和将数据整理成数学模型的基础。

实验数据表可分为实验数据记录表（原始数据记录表）和实验数据整理表两类。实验数据记录表应在实验前根据实验内容设计好，实验时记录待测实验数据，流体直管阻力测定实验的实验数据记录表的形式见表 2-4。

表 2-4 流体直管阻力测定实验数据记录表

涡轮流量计编号：		仪器常数：		管子材料：	
管子长度（直管）： m		直管内径： mm		局部管内径： mm	
水　　温： ℃		水的密度： kg/m³		水的黏度： mPa·s	
直管阻力压力差 Δp_1		局部阻力压力差 Δp_2			
序号	涡轮流量计频率 f	左侧水银柱高度 h_L	右侧水银柱高度 h_R	左侧水银柱高度 h_L	右侧水银柱高度 h_R
1					
2					
3					
4					

序号	涡轮流量计频率 f	左侧水银柱高度 h_L	右侧水银柱高度 h_R	左侧水银柱高度 h_L	右侧水银柱高度 h_R
5					
6					
7					
8					
9					
10					
11					
12					

实验数据整理表是由实验数据经计算整理间接得出的表格形式，表达主要变量之间的关系和实验的结论，见表 2-5。

表 2-5　流体直管阻力测定实验数据整理表

序号	$q_v \times 10^{-3}$（流量）/(m^3/s)	u（流速）/(m/s)	$Re \times 10^{-4}$ 雷诺数	R（压差计读数）/mmHg	W_f（直管阻力）/(J/kg)	$\lambda \times 10^2$（摩擦系数）
1						
2						
3						
4						
5						
6						
7						
8						
9						
10						
11						
12						

根据实验内容设计拟定表格时应注意以下问题：

① 表格设计要力求简明扼要，一目了然，便于阅读和使用。记录、计算项目应满足实验要求。

② 表头应列出变量名称、符号、量纲。同时要层次清楚、顺序合理，量纲不宜混杂在数字之中，造成分辨不清。

③ 表格中的数据必须反映仪表的精度，应注意有效数字的位数。

④ 数字较大或较小时应采用科学记数法，例如 $Re = 25000$ 时可采用科学记数法记作

$Re=2.5\times10^4$，在名称栏中记为 $Re\times10^4$，数据表中可记为 2.5。

⑤ 数据整理时尽可能采用常数归纳法。例如计算固定管路中不同流速下的雷诺数时，$Re=\dfrac{du\rho}{\mu}$，其中 d，μ，ρ 为定值。则可归纳为 $Re=Au$，常数 $A=\dfrac{d\rho}{\mu}$ 即为转化因子，乘以各不同流速 u，即可得到一系列相应的 Re，可减少重复计算。

⑥ 在数据整理表格下面，最好附有采用某一组数据进行计算的示例，表明各项之间的关系，以便阅读或进行比较。

⑦ 为便于排版和引用，每一个实验数据表应在表的上方写明表号和表题。表格应按出现的顺序编号，表格的出现应在文中说明，同一个表格一般不跨页。

⑧ 实验数据表格要正规，数据一定要书写清楚整齐。修改时宜用单线把错误的划掉，将正确的写在上面或下面。

⑨ 各种实验条件及实验记录者的姓名可作为表注写在表的下方或上方。

2.2.2 图示法

列表法一般不易观察实验数据的规律性，为了便于比较和简明直观地显示结果的规律性或变化趋势，常常需要将实验结果用图形表示出来。

图示法是将离散的实验数据在坐标纸上绘成直线或曲线，直观而清晰地表示出各变量之间的相互关系，分析极值点、转折点、变化率及其他特性，便于比较，还可以根据曲线得出相应的数学模型。某些精确的图形还可用于在未知数学表达式的情况下进行图解积分和微分，求函数的外推值等。

如何选择适当的坐标系和合理地确定坐标分度是应用图示法时常遇到的问题。

2.2.2.1 坐标系的选择

过程工程原理实验中常用的坐标系有直角坐标系、对数坐标系和半对数坐标系。实验人员应根据变量间的函数关系选择合适的坐标系，尽量使实验数据的函数关系接近直线，以便于拟合处理。

（1）直线关系

变量之间的关系为 $y=a+bx$，选用普通直角坐标纸。

（2）幂函数关系

变量之间的关系为 $y=ax^n$，选用双对数坐标纸。

（3）指数函数关系

变量之间的关系为 $y=ae^{bx}$。

下列情况下也可考虑用半对数坐标：

① 变量之一在所研究的范围内发生几个数量级的变化。

② 自变量由零开始逐渐增大的初始阶段，当自变量的少许变化引起因变量极大变化时，此时应采用半对数坐标系，曲线最大变化范围可伸长，使图形轮廓清楚。

还有双曲线函数、S形曲线函数等线性化方法，见有关教科书和文献。

2.2.2.2 坐标的分度

坐标的分度指每条坐标轴所代表物理量的大小，即选择适当的比例尺。若选择不合理，则根据同组实验结果作出的图形就会失真而导致错误的结论。

坐标分度的确定方法叙述如下。

（1）确定方法

为了得到理想的图形，在已知量 x 和 y 的误差 Δx 与 Δy 的情况下，比例尺的取法应使实验"点"的边长为 $2\Delta x$、$2\Delta y$，并且使 $2\Delta x = 2\Delta y = 1 \sim 2\text{mm}$，则 x 轴的比例尺 M_x 为：$M_x = \dfrac{2}{2\Delta x} = \dfrac{1}{\Delta x}$；$y$ 轴的比例尺 M_y 为：$M_y = \dfrac{2}{2\Delta y} = \dfrac{1}{\Delta y}$。如已知温度误差 $\Delta T = 0.05℃$，则 $M_r = \dfrac{1}{0.05} = 20$。温度的坐标分度为 20mm 长，若感觉太长，可取 $2\Delta x = 2\Delta y = 1\text{mm}$，此时 1℃的坐标为 10mm 长。

（2）注意事项

① 按惯用法取横轴为自变量，纵轴为因变量，并标明各轴代表的变量名称、符号和量纲。

② 坐标原点的选择。直角坐标的原点不一定从零开始，应视实验数据的范围而定；对数坐标的原点只能取对数坐标轴上规定的值作原点，而不能任意确定。

③ 绘制的图形应匀称居中，避免偏于一侧而不美观。

④ 若要在同一张图上同时绘制几组实验数据，则各实验点要用不同符号（如●、×、▲、○等）加以区别，且应在图上注明。

⑤ 为了便于排版和引用，图应有图号和图名，必要时还应有图注。

2.2.3　数学模型法

在过程工程原理实验数据处理中，除用列表法和图示法描述过程变量之间的关系外，常使用数学模型法。数学模型法又称为公式法或函数法。数学模型可以是经验的，可以是半经验的，也可以是理论的。使用数学模型法时，应首先根据实验结果选择合适的数学模型，然后对数学模型中的参数进行估值并确定该估值的可靠程度。

2.2.3.1　数学模型

数学模型可分为经验模型和理论模型。

化工中常用的经验模型有：多项式、幂函数和指数函数。流体的物理性质如热容、密度和汽化热等与温度的关系，常用多项式回归分析；动量、热量和质量传递过程中的无量纲数群之间的关系，多用幂函数回归分析；而化学反应、吸附、离子交换以及其他非定态过程，常用指数函数回归分析。

理论模型又称为机理模型。理论模型的方法是建立在对过程本质的深刻理解基础上的。首先将复杂过程分解为多个较简单的子过程；然后根据研究的目的进行合理的简化，得出物理模型；接着应用物理基本规律和过程本身的特征方程对物理模型进行数学描述，得到数学方程；再对数学模型进行解析解或数值解，得到设计计算方程；最后通过实验确定上述方程中含有的模型参数。

2.2.3.2　参数估值

数学模型选定之后，需要对其中的参数进行估值。对于线性数学模型，待求参数可用最小二乘法求出新的参数，从而再还原为原参数。在处理经验数学模型时，这种方法简便易行，具有一定的使用价值。

下面重点介绍线性最小二乘法。

最小二乘法的原理是在有限次测量中最佳结果应使标准误差最小，即残差的平方和最小。其数学表达式推导如下。

已知 n 个实验数据点 (x_1, y_1)，(x_2, y_2)，$\cdots$，(x_n, y_n)。

设最佳线性函数关系式为 $y = b_0 + b_1 x$。则根据此式 n 组 x 值可计算出各组对应的 y' 值。由于测定值各有偏差，每个 x 值所对应的值为 y_1，$y_2 \cdots$，y_n，所以每组实验值与对应计算值 y' 的偏差 δ 应为

$$\delta_1 = y_1 - y'_1 = y_1 - (b_0 + b_1 x_1) \tag{2-36}$$

$$\delta_2 = y_2 - y'_2 = y_2 - (b_0 + b_1 x_2) \tag{2-37}$$

$$\cdots\cdots\cdots\cdots\cdots\cdots\cdots\cdots\cdots\cdots\cdots\cdots$$

$$\delta_n = y_n - y'_n = y_n - (b_0 + b_1 x_n) \tag{2-38}$$

按照最小二乘法的原理，测量值与真值之间的偏差平方和为最小，即 $\sum_{i=1}^{n} \delta_i^2$ 最小的必要条件为

$$\begin{cases} \dfrac{\partial(\sum b_i^2)}{\partial b_0} = 0 \\ \dfrac{\partial(\sum b_i^2)}{\partial b_1} = 0 \end{cases}$$

由此求得的

$$\frac{\partial(\sum \delta_i^2)}{\partial b_0} = -2[y_1 - (b_0 + b_1 x_1)] - 2[y_2 - (b_0 + b_1 x_2)] - \cdots - 2[y_n - (b_0 + b_1 x_n)] = 0$$

$$\frac{\partial(\sum \delta_i^2)}{\partial b_1} = -2x_1[y_1 - (b_0 + b_1 x_1)] - 2x_2[y_2 - (b_0 + b_1 x_2)] - \cdots - 2x_n[y_n - (b_0 + b_1 x_n)] = 0$$

写成和式

$$\begin{cases} \sum y - n b_0 - b_0 \sum x = 0 \\ \sum(xy) - b_0 \sum x - b_1 \sum x^2 = 0 \end{cases} \tag{2-39}$$

联立解得

$$\begin{cases} b_0 = \dfrac{\sum(x_i y_i) \times \sum x_i - \sum y_i \times \sum x_i^2}{(\sum x_i)^2 - n \sum x_i^2} \\ b_1 = \dfrac{\sum x_i \times \sum y_i - n \sum x_i \times y_i}{(x_i^2) - n \sum x_i^2} \end{cases} \tag{2-40}$$

由此求得的截距为 b_0、斜率为 b_1 的直线方程，就是关联各实验点最佳的路线。

2.2.3.3 回归方程的检验

用最小二乘法求得回归直线方程后，还存在检验回归直线方程有无意义的问题。可用相关系数 r 来判断两个变量之间的线性相关的程度。

$$r = \frac{\sum\limits_{i=1}^{n}(x - \overline{x}) \times (y - \overline{y})}{\sqrt{\sum\limits_{i=1}^{n}(x - \overline{x})^2 \times \sum\limits_{i=1}^{n}(y - \overline{y})^2}} \tag{2-41}$$

式中

$$\overline{x} = \frac{1}{n} \sum_{i=1}^{n} x_i \tag{2-42}$$

$$\overline{y} = \frac{1}{n} \sum_{i=1}^{n} y_i \tag{2-43}$$

在概率中可以证明，任意两个随机变量的相关系数的绝对值不大于 1。即

$$|r| \leqslant 1 \ 或 \ 0 \leqslant |r| \leqslant 1$$

r 在物理意义上表示两个随机变量 x 和 y 的线性相关的程度，现分几种情况加以说明。

当 $r = \pm 1$ 时，即 n 组实验值 (x_n, y_n) 全部落在直线 $y' = b_0 + b_1 x$ 上，此时称为完全相关。当 $|r|$ 越接近 1 时，即 n 组实验值 (x_n, y_n) 越靠近直线 $y' = b_0 + b_1 x$，变量 y 与 x 之间的关系越接近线性关系。

当 $r = 0$ 时，变量之间就完全没有线性关系了。但是应该指出，当 r 很小时，表现不是线性关系，但不等于就不存在其他关系。

第3章　基本物理量的测量

在化学工业生产中，准确及时地检测出生产过程中的有关参数是一项必不可少的工作，这是为了正确指导生产操作、保证生产安全、产品质量和实现生产过程自动化。

目前，在化工生产和实验中，需要采用多种测量仪表来测量压力、温度、流量、液位等参数，测量仪表的性能与测量数据的优劣紧密相关。所以，只有全面深入地了解测量仪表的结构、工作原理和特性，才能合理地选用仪表，正确地使用仪表，得到更好的数据。本章简要介绍化工实验室中测量温度、压力、流量所用仪表的原理、特性及安装应用。

3.1　压力（差）的测量

化工生产和实验过程中重要的工艺参数之一就是压力，为了保证化工生产和实验过程良好地运行，达到优质、高产、低耗及安全生产的目的，就需要正确地测量和控制压力。

化工生产和实验中压力测量的范围很广，精度也各异，所以压力测量仪器的种类很多，原理各异。其中，根据测压仪器工作原理的不同可分为液柱式压力计、弹性压力计和电测式压力计；而根据仪器测压范围的不同可分为压强计、气压计、微压计、真空计、压差计等；根据仪表的精度等级的不同可分为标准压强计（精度等级在 0.5 级以上）和工程用压强计（精度等级在 0.5 级以下）；根据数据显示方式的不同可分为指示计、自动记录式、远传式、信号式等。

3.1.1　液柱式压力计

液柱式压力计是以流体静力学为基础的，根据液柱高度来确定被测压力的压力计。液柱所用的液体种类很多，可以采用单纯物质，也可以用液体混合物，但所用液体在与被测物质接触处必须有一个清晰而稳定的界面，即所用液体不能与被测介质发生化学反应或形成均相混合物；同时，液体在环境温度的变化范围内不能发生汽化、凝固。常用的工作液体有水银、水、酒精，当被测压力或压力差很小，且流体是水时，还可用甲苯、氯苯、四氯化碳等作为指示液。液柱式压力计结构简单，精度较高，既可用于测量流体的压力，又可用于测量流体的压力差。

液柱式压力计的基本形式有 U 形管压力计、倒 U 形管压力计、单管式压力计、斜管式压力计、微差压力计等。

3.1.1.1　U 形管压力计

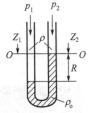

图 3-1　U 形管压力计

在实验室中，若要测量的流体压力不大，可使用玻璃 U 形管压力计。其结构简单，制作方便，读数直观，价格低廉。U 形管压力计如图 3-1 所示。

在 U 形管两端连接两个测压点，由于两边压力不同，两边液面会产生高度差 R，根据读数 R，可依式(3-1) 计算两点间的压差。

$$p_1 - p_2 = (\rho_i - \rho)gR \tag{3-1}$$

U 形管压力计的测量误差一般可达 2mm。

3.1.1.2　倒 U 形管压力计

将 U 形管压力计倒置，倒 U 形管压力计如图 3-2 所示。这种压力计的优点是不需要另加指示液而以待测流体指示，倒 U 形管的上部为空气，适用于被测压差较小的场合。

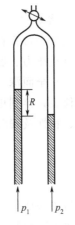

图 3-2　倒 U 形管压力计

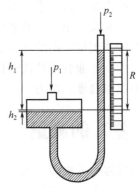

图 3-3　单管式压力计

3.1.1.3　单管式压力计

单管式压力计是 U 形管压力计的一种变形，单管式压力计如图 3-3 所示。单管式压力计是用一只杯代替 U 形管压力计的一根管，由于杯的截面远大于玻璃管的截面（一般两者的比值要等于或大于 200），所以在其两端作用不同的压强时，细管一边的液柱从平衡位置升高 h_1，杯形一边的下降 h_2。根据等体积原理，h_1 远大于 h_2，故 h_2 可忽略不计。因此，在读数时只需读液柱一边的高度即 R，故其读数误差可比 U 形管压力计减小一半。

3.1.1.4　斜管式压力计

斜管式压力计可用来测量微小的压强和负压，斜管式压力计如图 3-4 所示。斜管式压力计是将 U 形管压力计或单管式压力计的玻璃管与水平方向作角度 α 的倾斜，以便在压力微小变化时可提高读数的精度。为准确测定 α，可用水准仪测校水平位置。由于酒精有较小的密度，常用它作为斜管式

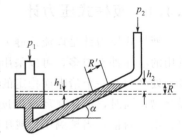

图 3-4　斜管式压力计

压力计的工作液体，以提高微压计的灵敏度。如果要求斜管式压力计测量不同的压力范围，则可采用斜管倾斜角度可变的微压计，即通过改变倾斜角 α 的大小来改变压力测量范围。

斜管式压力计的测压范围一般为 0～±200mmH₂O（1mmH₂O＝9.80665Pa），精度为0.5～1 级，可用来测表压、负压、差压和校验低压的标准表。其特点是零位刻度在刻度标尺的下端，使用前需水平放置，调好零位。

3.1.1.5　微差压力计（双液 U 形管微差压力计）

微差压力计如图 3-5 所示，微差压力计是在 U 形管上方增设两个扩大室，内装密度接近但不互溶的两种指示液 A 和 C（$\rho_A > \rho_C$），扩大室内径与 U 形管内径之比应大于 10，这样扩大室的横截面积比 U 形管的横截面积大得多，即可认为即使 U 形管内指示液 A 的液面差 R 较大，但两扩大室内指示液 C 的液面变化微小，可近似认为维持在同一水平面，相应的压差计算公式如式(3-2) 所示。

$$\Delta p = p_1 - p_2 = R(\rho_A - \rho_C)g \qquad (3-2)$$

当压强差很小时，为了扩大读数 R，减小相对读数误差，可以通过减小 $\rho_A - \rho_C$ 来实现。$\rho_A - \rho_C$ 越小，则读数 R 越大，故当所用的两种液体密度接近时，可以得到读数很大的 R，这在测微小压差时特别适用。

工业上常用的 A-C 指示液为石蜡油-工业酒精；实验室常用苄醇-氯化钙溶液（氯化钙溶液的密度可以用不同的浓度来调节）。

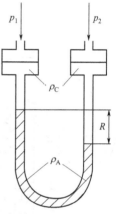

图 3-5　微差压力计

3.1.1.6　液柱式压力计使用注意事项

液柱式压力计虽然构造简单、使用方便、测量准确度高，但耐压程度差、测量范围小、容易破碎，其示值与工作液体的密度有关，因此在使用中必须注意以下几点。

① 被测压力不能超过仪表测量范围。有时因被测对象突然增压或操作不注意造成压强增大，使工作液被冲走。若是水银工作液被冲走，既带来损失，还可能造成汞中毒，在工作中应特别注意。

② 若取压点不在同一水平面上，用液柱式压力计测量压力差时，必须考虑取压点的位能。

③ 被测介质不能与工作液混合或起化学反应。当被测介质要与水或水银混合或发生反应时，则应更换其他工作液或采取加隔离液的方法。

④ 液柱压力计安装的位置应避开过热、过冷及有震动的地方。因为过热则工作液易蒸发；过冷可能使工作液冻结；震动太大会把玻璃管震破，造成测量误差，或根本无法指示。一般，冬天常在水中加入少许甘油或者采用酒精、甘油、水的混合物作为工作液以防冻结。

⑤ 在使用过程中应保持测量管和刻度标尺的清晰，定期更换工作液。

⑥ 在使用过程中要经常检查仪表本身和连接管间是否有泄漏现象。

⑦ 由于液体的毛细现象，在读取压强值时，视线应在液柱面上，观察水时应看凹液面处，观察水银时应看凸液面处。

3.1.2　弹性压力计

弹性压力计是利用各种形式的弹性元件作为敏感元件来感受压强，并以弹性元件受压后变形产生的反作用力与被测压力平衡，此时弹性元件的变形程度就是压强的函数，根据形变的大小便可计算出被测压力的数值。这样就可以用测量弹性元件的变形（位移）的方法来测压强的大小。

弹性压力计中常用的弹性元件有弹簧管、膜片、膜盒、皱纹管等，其中弹簧管压力计的测量范围宽，读数精确度较差，但可克服玻璃管 U 形压力计易碎和测量范围有限的缺点，在化工实验室和工业生产中应用最广泛。用于测量正压的弹簧管压力计，称为压力表；用于测量负压的，称为真空表。

3.1.2.1 弹簧管压力计的工作原理

弹簧管压力计主要由弹簧管、齿轮传动机构、示数装置（指针和分度盘）以及外壳等几个部分组成，弹簧管压力计如图 3-6 所示。

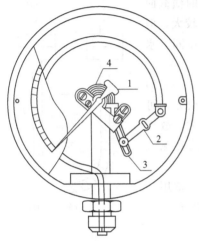

图 3-6 弹簧管压力计
1—指针；2—拉杆；3,4—齿轮传动机构

弹簧管的另一端焊在仪表的壳体上，并与管接头相通，管接头用来把压力计与需要测量压力的空间连接起来，介质由所测空间通过细管进入弹簧管的内腔中。在介质压力的作用下，弹簧管由于内部压力的作用，其断面极力倾向变为圆形，迫使弹簧管的自由端移动，这一移动距离即管端位移量，借助拉杆 2，带动齿轮传动机构 3 和 4，使固定在齿轮上的指针 1 相对于分度盘旋转，指针旋转角的大小正比于弹簧管自由端的位移量，亦即正比于所测压力的大小，因此可借助指针在分度盘上的位置指示出待测压力的值。

3.1.2.2 弹簧管压力计使用安装中的注意事项

为了保证弹簧管压力计正确指示和长期使用，一个重要的因素是仪表的安装与维护，在使用时应注意以下几点。

① 在使用弹簧管压力计时，要注意被测物质的物性。测量爆炸、腐蚀、有毒气体的压强时，应使用特殊的仪表。其中，氧气压力表严禁接触油类，以免爆炸。

② 仪表应工作在正常允许的压强范围内，操作压强比较稳定时，操作指示值一般不应超过量程的 2/3，在压强波动时，应在其量程的 1/2 处。

③ 工业用压力表应在环境温度为 $-40 \sim 60 \, ^\circ\text{C}$、相对湿度不大于 80% 的条件下使用；在震动情况下使用仪表要安装减震装置；测量结晶或黏度较大的介质时，要加装隔离器。

④ 仪表必须垂直安装，仪表安装处与测定点间的距离应尽量短，以免指示迟缓，仪表处应无泄漏现象。

⑤ 仪表的测定点与仪表的安装处应处于同一水平位置，否则将产生附加高度误差，必要时需加修正值。

⑥ 仪表必须定期校验，必须使用合格的仪表。

3.1.3 电测式压力计

随着工业自动化程度的不断提高，往往需要将测量的压力转换成容易远传的电信号，以便集中检测和控制。压力传感器能够测量并提供远传信号，而电测法就是通过压力传感器将压力的变化转换成电阻、电流、电压频率等形式的信号，从而实现压力的间接测量。这种压力计反应较迅速，易于远距离传送，在测量压力快速变化、脉动压力、高真空、超高压的场合下较合适。其主要类别有应变式、霍尔式、电感式、压电式、压阻式和电容式等。

压电式压力传感器是利用压电材料的"压电效应"把被测压力转换成电信号进行压力的测量，应用压电式压力传感器可以测量 100MPa 以内的压力，频率响应可达 30kHz。

压阻式压力传感器是利用半导体材料的"压阻效应"原理制成的传感器。压阻式压力传感器的特点是易于微小型化；灵敏度高，其灵敏系数比金属应变的灵敏系数高 50～100 倍；测量范围很宽，可以对低至 10Pa 的微压，高至 60MPa 的高压进行测量；其精度高、工作可靠，测量精度可达千分之一，而对高精度产品的测量精度可以达到万分之二。

霍尔式压力传感器是基于霍尔效应原理，利用霍尔元件将被测压力转换成霍尔电势输出的一种传感器。

3.1.4　压力仪表的选择、校验和安装

压力仪表的正确选择、校验和安装是保证其在生产过程中发挥应有作用及保证测量结果安全可靠的重要环节。

3.1.4.1　压力仪表的选择

正确选择压力仪表的类型是安全生产及仪表正常工作的重要保证。

在测量压力时，选择适当量程范围的压力仪表应该根据被测体系压强的大小及变化范围来进行。压力计的上限值应该高于实际操作中可能出现的最大压力值，以避免压力计因超负荷而损坏。在测量波动较大的压力时，最大工作压力不应超过压力计测量上限值的 1/2，而在被测压力比较稳定时，最大工作压力不应超过压力计测量上限值的 2/3。另外，一般被测压力的最小值应不低于仪表全量程的 1/3 以保证测量值的准确度。在根据所测参数的大小计算出仪表的上、下限后，按所选测量上限应大于（最接近）或至少等于计算求出的上限值，并同时满足最小值的原则，从国家规定生产的标准系列中选取适当量程范围的压力仪表。

确定的仪表精度等级的根据来自于工艺生产或实验研究所允许的最大误差。通常情况下，仪表越精密，测量结果越精确、可靠，一般价格也越高，维护和操作的要求越高。所以，在满足操作要求的前提下，本着经济的原则，正确选择仪表的精度等级，免得造成不必要的投资浪费。

根据所测介质的物理、化学性质和状态（温度、黏度、腐蚀性、清洁程度等）是否对测量仪表有特殊要求，周围环境条件（温度、湿度、震动等）对仪表类型是否有特殊要求，以及是否需要远传变送、报警或自动记录等对仪表类型进行选择。如压强信息需要远传，则需选择可远距离传输和记录的测压仪表。

3.1.4.2　压力仪表的校验

为了保证长期使用中的压力仪表的示值的可靠性，必须对其进行定期校验。另外，新的仪表在安装使用前，也需要对其进行校验。压力仪表的校验方法通常有两种，一种是将被校仪表与标准仪表的示值在相同条件下进行比较；另一种是将被校表的压力与标准压力进行比较。校验时一般在被校表的测量范围内，均匀地选择至少 5 个以上的校验点（包含起始点和终点）。

3.1.4.3　压力仪表的安装

压力仪表的安装正确与否，直接影响到测量结果的准确性及仪表的使用寿命。

取压位置的选择要具有代表性。一般来讲，测压点应尽量选在受流体流动干扰最小的地方才能真实地反映被测压力的变化。如果在管线上测压，测压点应选在离上游的管件、阀门

或其他障碍物 40～50 倍管内径的距离；若不能保证 40～50 倍管内径的距离，可通过设置整流管或整流板消除影响；当测量水平或倾斜管道中的液体压力时，为防止气体和固体颗粒进入导压管，取压口应开在管道下半平面，且与垂线的夹角为 45°；当测量水平或倾斜管道中气体压力时，为防止液体和粉尘进入导压管，取压口应开在管道上半平面，且与垂线的夹角为 45°；若被测介质为蒸汽时，取压口一般开在管道的侧面。

引压管要正确安装与使用。安装时要注意引压管管口最好与设备连接处内壁平齐；引压管的管径应细些，且引压管的长度应尽可能缩短，以避免引起二次环流；取压点和压力表之间在靠近管口处应安装切断阀，以备检修压力仪表时使用；引压管中的介质为气体时，在导压管最低处要装排液阀，引压管中的介质为液体时，在导压管最高处要装排气阀。

压力表也要正确安装。安装时要注意将压力仪表安装在易于观察和维修的地方，力求避免震动和高温影响，或采用必要的防震防高温措施。当测量蒸汽压力或压差时，应装冷凝管或冷凝器以防止高温蒸汽与测压元件直接接触。当测量腐蚀性介质时，应加装充有中性介质的隔离罐。压力仪表的连接处根据介质性质和压力高低，应加装合适的密封垫圈以防泄漏。

3.2 流量与流速的测量

化工生产与实验中的另一个重要参数是流量，为核算过程和设备的生产能力，对过程或设备做出评价，工业生产和科学实验都要进行流量的测量。流量的测量方法和仪器有很多，最简单的流量测量方法是量体积法和称重法，即通过测量流体的总量（体积或质量）和时间间隔，求得流体的平均流量。这种方法不需使用流量测量仪表，但无法测定封闭体系中的流量。目前，常用的测量流量的仪表有节流式流量计、转子流量计、涡轮流量计和湿式流量计。

3.2.1 节流式流量计

3.2.1.1 节流式流量计的构造和工作原理

节流式流量计是基于流体经过节流元件时，流通面积突然缩小，促使流束产生局部收缩，流速加快，静压力降低，在节流元件前后产生压力差，可以通过测量此压差的大小，再按一定的函数关系来计算出流量值。因此，这种类型的流量计亦被称为压差式流量计。

孔板、喷嘴、文丘里管是常用的节流元件。孔板结构简单，易加工，造价低，但能耗大。喷嘴的能耗小于孔板，但比文丘里管大，比较适合测量腐蚀性大和不洁净流体的流量。文丘里管的能耗最小，基本不存在永久压降，但制造工艺复杂，成本高。

由连续性方程和伯努利方程可以导出通过节流式流量计的流量和压差的关系方程，此方程称为流量基本方程，具体形式如下：

$$q_m = \frac{C}{\sqrt{1-\beta^4}} \times \frac{\pi}{4} d^2 \sqrt{2\rho\Delta p} \tag{3-3}$$

$$q_v = \frac{C}{\sqrt{1-\beta^4}} \times \frac{\pi}{4} d^2 \sqrt{\frac{2\Delta p}{\rho}} \tag{3-4}$$

上式适用于不可压缩流体，对可压缩流体可在该式右边乘以被测流体的膨胀校正系数 ε。流量系数一般要用实验测定，但对标准节流元件有确定的数据可查，不必进行测定。

3.2.1.2 使用节流式流量计时应注意的问题

目前工业生产中用来测量气体、液体和蒸汽流量的最常用的一种流量仪表就是节流式流量计。影响流动形态、速度分布和能量损失的各种因素，都会在使用节流式流量计测量流量时对流量与压差的关系产生影响，从而导致测量误差。因此使用时必须注意以下问题。

（1）对流体和流动状态的要求

使用标准节流装置时，流体的性质和状态必须满足下列条件。

① 流体必须充满管道和节流装置，并连续地流经管道。

② 流体必须是牛顿型流体，并且在物理学和热力学上是均匀的、单相的流体，或者可以认为是单相的流体，如具有高分散程度的胶质溶液。

③ 流体流经节流元件时不发生相变。

④ 流体的流量不随时间变化或变化非常缓慢。

⑤ 流体在流经节流元件以前，流束是平行于管道轴线的无旋流。

（2）对管道条件的要求

安装节流式流量计对管道条件的要求主要包括以下几点。

① 节流元件应安装在水平管路上，孔口的中心线应与管轴线相重合。

② 在安装的节流元件前后要留有足够长的直管段作为稳定段，通常上游直管段的长度为 $30d \sim 50d$，下游直管段的长度则要大于 $10d$，在稳定段中不能安装各种管件、阀门、测压和测温等装置。

③ 注意节流元件的安装方向，使用孔板时，应使锐孔朝向上游。

3.2.2　转子流量计

3.2.2.1　转子流量计的构造和工作原理

转子流量计属于变截面、恒压头的流量计，是通过改变流通面积来指示流量的。转子流量计具有结构简单、读数直观、测量范围大、使用方便、价格便宜等优点，被广泛应用于化工实验和生产中。转子流量计如图 3-7 所示，它主要由两个部分组成，一个是由下往上逐渐扩大的锥形管（通常用玻璃制成）；另一个是锥形管内可自由运动的转子。

在整个测定过程中，被测流体从玻璃管底部进入，从顶部流出。当流体自下而上流过垂直的锥形管时，转子受到两个力的作用：一个是垂直向上的推动力，它等于流体流经转子与锥形管间的环形截面所产生的压力差；另一个是垂直向下的净重力，它等于转子所受的重力减去流体对转子的浮力。当流量增大使压力差大于转子的净重力时，转子就上升；当流量减小使压力差小于转子的净重力时，转子就下沉；当压力差与转子的净重力相等时，转子就处于平衡状态，即停留在某一个位置上。玻璃管外表面刻有读数，根据转子的停留位置，即可读出被测流体的流量。设 V_f 为转子的体积，m^3；A_f 为转子最大部分截面积，m^2；ρ_f、ρ 分别为转子材质与被测流体密度，kg/m^3。流体流经环形截面所产生的压强差（转子下方 1 与上方 2 之差）为 $p_1 - p_2$，当转子处于平衡状态时，即

$$(p_1 - p_2)A_f = V_f \rho_f g - V_f \rho g \tag{3-5}$$

于是

$$p_1 - p_2 = \frac{V_f g (\rho_f - \rho)}{A_f} \tag{3-6}$$

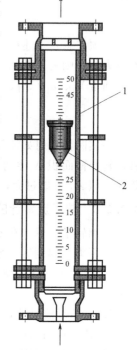

图 3-7　转子流量计
1—玻璃管；2—转子

若 A_f、V_f、ρ_f、ρ 均为定值，$p_1 - p_2$ 对固定的转子流量计测定某流体时应恒定，而与流量无关。

当转子停留在某固定位置时，转子与玻璃管之间的环形面积就是某一固定值。此时流体流经该环形截面的流量和压强差的关系与孔板流量计相类似。

得

$$V_R = C_R A_R \sqrt{\frac{2gV_f(\rho_f - \rho)}{A_f \rho}} \tag{3-7}$$

式中　C_R——转子流量计的流量系数，由实验测定或从有关仪表手册中查得；

　　　A_R——转子与玻璃管的环形截面积，m^2；

　　　V_R——流过转子流量计的体积流量，m^3/s。

对于一定的转子流量计，流量系数 C_R 为常数，流量与 A_R 成正比。由于玻璃管呈倒锥形，所以环形面积 A_R 的大小与转子所在位置有关，因而可用转子所处位置的高低来反映流量的大小。

3.2.2.2　转子流量计的刻度换算和测量范围

通常转子流量计出厂前，均用 20℃ 的水或 20℃、1.013×10^5 Pa 的空气进行标定，并直接将流量值刻于玻璃管上。当被测流体与上述条件不符时，应作刻度换算。在同一刻度下，假定 C_R 不变，并忽略黏度变化的影响，则被测流体与标定流体的流量关系为

$$\frac{V_{S2}}{V_{S1}} = \sqrt{\frac{\rho_1(\rho_f - \rho)}{\rho_2(\rho_f - \rho_1)}} \tag{3-8}$$

式中，下标 1 表示出厂标定时所用的流体；下标 2 表示实际工作流体。对于气体，因为转子材质的密度 ρ_f 比任何气体的密度都要大得多，所以式(3-8)可简化为

$$\frac{V_{S2}}{V_{S1}} = \sqrt{\frac{\rho_1}{\rho_2}} \tag{3-9}$$

必须注意：上述换算公式是在假定 C_R 不变的条件下推出的，当使用条件与标定条件相差较大时，则需重新标定刻度与流量的关系。

通常 V_f、ρ_f、A_f、ρ 与 C_R 为定值，由式(3-7)可知

$$\frac{V_{Amax}}{V_{Smin}} = \frac{A_{Rmax}}{A_{Rmin}} \tag{3-10}$$

在实际使用时如流量计不符合具体测量范围的要求，可以更换成车削转子。对同一玻璃管，转子截面积 A_f 越小，环隙面积 A_R 越大，最大可测流量大而 V_{Smax}/V_{Smin} 较小，反之则相反。但 A_f 不能过大，否则流体中的杂质容易将转子卡住。

3.2.2.3　转子流量计的安装与使用

玻璃转子流量计在安装使用前，应先检查其技术参数，比如测量范围、精确度等级、额定工作压力、温度等参数是否符合使用要求。在安装和使用时主要应注意以下问题。

① 转子流量计必须垂直安装，不允许有明显的倾斜（倾角要小于 2°），以防带来测量误差。

② 在转子流量计上游应设置调节阀以方便检修。

③ 转子对沾污比较敏感。如果沾附有污垢，转子的质量、环隙通道的截面积会发生变化，甚至还可能出现转子不能上下垂直浮动的情况，从而引起测量误差。

④ 如果被测流体温度高于 70℃，需要在流量计外侧安装保护套，防止玻璃管因溅有冷

水而骤冷破裂。

⑤ 管路中如有倒流，特别是有水锥作用时，应在其下游阀门之后安装单向逆止阀，防止损坏转子流量计。

⑥ 使用转子流量计时，应先缓慢开启上游阀门至全开，然后用转子流量计下游的调节阀调节流量。转子流量计停止工作时，应先缓慢关闭流量计上游阀门，然后关闭下游的流量调节阀；流量计必须等转子稳定后才能读取示值。使用时要避免被测流体的温度、压力急剧变化。流量计的锥管、转子如有沾污或损伤应及时清洗、更换。

3.2.3 涡轮流量计

3.2.3.1 涡轮流量计的结构和工作原理

涡轮流量计是以动量守恒原理为基础设计的流量测量仪表。涡轮流量计由涡轮流量变送器和显示仪表组成。涡轮流量计如图 3-8 所示，涡轮流量变送器包括涡轮、导流器、磁电感应转换器、外壳及前置放大器等部分。涡轮是用高磁导率的不锈钢材料制成，叶轮芯上装有螺旋形叶片，流体作用于叶片使之旋转。导流器用以稳定流体的流向和支撑叶轮。电磁感应转换器由线圈和磁铁组成，用来将叶轮的转速转换成相应的电信号。涡轮流量计的外壳由非导磁不锈钢制成，用来固定和保护内部零件并与流体管道连接。前置放大器用来放大电磁感应转换器输出的微弱电信号并进行远距离传输。

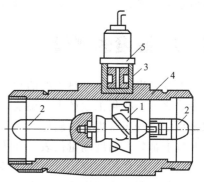

图 3-8 涡轮流量计
1—涡轮；2—导流器；3—磁电感应转换器；
4—外壳；5—前置放大器

当流体通过安装有涡轮流量计的管路时，流体的动能冲击涡轮发生旋转，流体的流速越高，动能越大，涡轮转速也就越高。在一定的流量范围和流体黏度下，涡轮的转速和流速成正比。当涡轮转动时，涡轮叶片切割置于该变送器壳体上的检测线圈所产生的磁力线，使检测线圈磁电路上的磁阻周期性变化，线圈中的磁通量也跟着发生周期性变化。检测线圈产生脉冲信号，即脉冲数，其值与涡轮的转速成正比，即与流量成正比。这个电信号经前置放大器放大后，对信号进行放大、整形，产生与流速成正比的脉冲信号，送入单位换算与流量计算电路，得到并显示累积流量值；同时亦将脉冲信号送入频率电流转换电路，将脉冲信号转换成模拟电流量，进而指示瞬时流量值。

3.2.3.2 涡轮流量计的安装和使用

涡轮流量计的特点是能远距离传送，准度高（可达 0.2～0.5 级），量程宽（最大流量和最小流量之比为 10:1），压力损失小，反应快，耐高压，体积小。涡轮流量计的安装使用必须注意以下问题。

① 为了保证涡轮流量计的测量精度，涡轮变送器必须水平安装，因为涡轮流量计出厂时是在水平安装情况下标定的，否则会引起变送器的仪表常数发生变化。

② 流速分布不均和管内二次流的存在是影响涡轮流量计测量准确度的重要因素。所以，涡轮流量计对上、下游直管段有一定要求。对于工业测量，一般要求上游 20d，下游 5d 的直管长度。为消除二次流动，最好在上游端加装整流器。若上游端能保证有 20d 左右的直管段，并加装整流器，可使流量计的测量准确度达到标定的准确度等级。

③ 在使用涡轮流量计时，一般应加装过滤器，因为要确保变送器叶轮正常工作，流体必须洁净，切勿使污物、铁屑等进入变送器。网目大小一般为 100 孔/cm²，以保持被测介质的洁净，减少磨损，并防止涡轮被卡住。

④ 涡轮流量计的一般工作点要在仪表测量范围上限数值的 50% 以上，保证流量稍有波动时，工作点不至于移至特性曲线下限之外的区域。

⑤ 被测流体的流动方向须与变送器所标箭头方向一致。

⑥ 在流量计上游应装消气器，以保证通过流量计的液体是单相的，即不能让空气或蒸汽进入流量计，对于易汽化的液体，在流量计的下游必须保证一定背压。该背压的大小可取最大流量下流量传感器压降的 2 倍加上最高温度下被测液体蒸气压的 1.2 倍。

⑦ 当涡轮流量计的管道需要清洗时，必须开旁路，清洗液体不能通过流量计；管道系统启动时必须先开旁路，以防止流速突然增加，导致涡轮转速过大而损坏；涡轮流量计的轴承应定期更换，一般可根据小流量时的特性变化来观察其轴承的磨损情况。

3.3 温度的测量

温度是表征物体冷热程度的物理量，是工业生产和科学技术实验中最普遍、最重要的操作参数之一。在化工生产中，温度的测量与控制同样有着重要的地位，温度的测量与控制是保证反应过程正常进行，确保产品质量与安全生产的关键环节。同样，每个过程工程原理实验装置上都装有温度测量仪表，如传热、干燥、蒸馏等，就是一些常温下的流体力学实验，也需要测定流体的温度，以便确定各种流体的物理性质，如密度、黏度的数值。因此，温度的测量与控制在化工实验中也占有重要地位。

3.3.1 温度测量的方法

温度不能直接测量，只能借助于冷热不同的物体之间的热交换，以及物体的某些物理性质随冷热不同而变化的特性，来加以间接地测量。根据测温的方式可把测温分为接触式测温与非接触式测温两大类。

任意两个冷热程度不同的物体相接触，必然要发生热交换现象，热量将由受热程度高的物体传到受热程度低的物体，直到两物体的冷热程度完全一致，即达到热平衡状态为止。接触法测温就是利用这一原理，选择某一物体同被测物体相接触，并进行热交换。当两者达到热平衡状态时，选择的物体与被测物体温度相等，于是，可以通过测量物体的某一物理量（例如液体的体积、导体的电阻等），得出被测物体的温度数值。当然，为了得到温度的精确测量，要求用于测温的物体的性质必须是连续、单值地随温度变化，并且要复现性好。接触法测温的常用温度计有玻璃液体温度计、压力表式温度计、双金属温度计、热电偶以及热电阻等。接触法测温简单、可靠、测量精度高，但由于测温元件与被测介质需要一定的时间才能达到热平衡，因而会产生测温的滞后现象。另外测温元件容易破坏被测对象的温度场，且有可能与被测介质产生化学反应。由于受到耐高温材料的限制，接触式测温法也不能用于很高的温度测量。

用非接触法测温时，测温元件不与被测物体直接接触。例如应用热辐射原理进行测温的辐射式温度计，其测温范围很广，原理上不受温度上限的限制。由于它是通过热辐射来测量温度的，所以不会破坏被测物体的温度场，反应速度一般也比较快。但受物体的发射率、对象到仪表之间的距离、烟尘和水蒸气等其他介质的影响时，其测量误差较大。

3.3.2 温度测量的仪表

温度测量仪表种类繁多，表 3-1 为常用温度仪表的分类及性能。本节主要介绍最常用的液体膨胀式温度计、热电偶温度计、电阻温度计的工作原理，以及安装使用中的有关问题。

表 3-1 常用温度仪表的分类及性能

测温方式	温度计种类		测温范围/℃	优 点	缺 点
接触式测温仪表	膨胀式	玻璃液体	−50～600	结构简单，使用方便，测量准确，价格低廉	测量上限和精度受玻璃质量的限制，易碎，不能记录远传
		双金属	−80～600	结构紧凑，牢固可靠	精度低，量程和适用范围有限
	压力式	液体	−30～600	结构简单，耐震，防爆性能记录、报警，价格低廉	精度低，测温距离短，滞后大
		气体	−20～350		
		蒸汽	0～250		
	热电偶	铂铑-铂	0～1600	测温范围广，精度高，便于远距离、多点、集中测量和自动控制	需冷端温度补偿，在低温端测量精度较低
		镍铬-镍硅	−50～1000		
		镍铬-康铜	−50～600		
	热电阻	铂	−200～600	测量精度高，便于远距离、多点、集中测量和自动控制	不能测高温，需注意环境温度的影响
		铜	−50～150		
非接触式测温仪表	辐射式	辐射式	400～2000	测量时，不破坏被测温度场	低温端测量不准，环境条件会影响测温准确度
		光学式	700～3200		
		比色式	900～1700		
	红外线	光电探测	0～3500	测量范围大，适于测温度分布，不破坏被测温度场，响应快	易受外界干扰，标定困难
		热电探测	200～2000		

3.3.2.1 玻璃管液体温度计

玻璃管液体温度计属于膨胀式温度计，是应用最广泛的一种温度计，其结构简单、价格便宜、读数方便，而且有较高的精度。

（1）玻璃管液体温度计的构造、测温原理及分类

玻璃管液体温度计是利用玻璃感温泡内的测温物质（水银、酒精、甲苯、煤油等）受热膨胀、遇冷收缩的原理进行温度测量的。

玻璃管液体温度计按用途可分为标准、实验室和工业用三种。标准玻璃温度计是成套供应的，可以作为鉴定其他温度计用，准确度可达 0.05～0.1℃；实验室用的玻璃管温度计的形式和标准的相仿，准确度也较高。实验室用得最多的是水银温度计和有机液体温度计。水银温度计测量范围广、刻度均匀、读数准确，但玻璃管破损后会造成汞污染。有机液体（如乙醇、苯等）温度计着色后读数明显，但由于膨胀系数随温度而变化，故刻度不均匀，读数误差较大。工业用玻璃温度计为了避免使用时被碰碎，在玻璃管外通常有金属保护套管，仅露出标尺部分，供操作人员读数。

（2）玻璃管液体温度计的安装和使用

玻璃管液体温度计要安装在便于读数的场所，不能倒装，也应尽量不要倾斜安装。玻璃管液体温度计应安装在没有大的震动，不易受碰撞的设备上，特别是有机液体玻璃温度计，如果震动很大，容易使液柱中断；玻璃管液体温度计的感温泡中心应处于温度变化最敏感

处。在玻璃管液体温度计保护管中应加入甘油、变压器油等，以排除空气等不良导体，减少读数误差。为了准确地测定温度，用玻璃管液体温度计测定物体温度时，如果指示液柱不是全部插入欲测的物体中，会使测定值不准确，必要时需进行校正。水银温度计读数时应按凸液面的最高点读数；有机液体玻璃温度计则应按凹液面的最低点读数。使用过程中应避免温度计骤冷骤热，温度计不经预热立即插入热介质中并突然从热介质中抽出是常见的不正确使用方法，这种做法往往会使水银柱断开，引起感温泡晶粒变粗、零位变动过限而使温度计报废。

（3）玻璃管液体温度计的校正

玻璃管液体温度计在进行温度精确测量时要进行校正，校正方法有两种，一种是利用纯质相变点如冰-水-水蒸气系统校正，另一种是与标准温度计在同一状况下比较。

如果实验室内无标准温度计可做比较，可以用冰-水-水蒸气的相变温度来校正温度计。如用水和冰的混合液校正0℃（在100mL烧杯中，装满碎冰和冰块，然后注入蒸馏水至液面达到冰面下2cm处，插入温度计使刻度便于观察或露出零刻度于冰面之上，搅拌并观察水银柱的改变，待其所指温度恒定时，记录读数，这即是校正过的0℃，注意不要使冰块完全融化），或用水和水蒸气校正100℃（在试管内加入沸石及10mL蒸馏水。调整温度计使其水银球在液面上3cm处。以小火加热，并注意蒸汽在试管壁上冷凝形成一个环，控制火力使该环在水银球上方约2cm处。观察水银柱读数直到温度保持恒定，记录读数，再经过气压校正后即是校正过的100℃）。

与标准温度计在同一状况下比较校正法：实验室内将待校验的玻璃管液体温度计与标准温度计插入恒温槽中，待恒温槽的温度稳定后，比较被校验温度计与标准温度计的示值。示值误差的校验应采用升温校验，因为对有机液体来说它与毛细管壁有附着力，在降温时，液柱下降会有部分液体停留在毛细管壁上，影响读数的准确性。水银玻璃管温度计在降温时也会因摩擦而产生滞后现象。

3.3.2.2 热电偶温度计

热电偶温度计是以热电效应为基础，将温度变化转化为热电势变化进行温度测量的仪表。它结构简单，坚固耐用，使用方便，精度高，测量范围宽，便于远距离、多点、集中测量和自动控制，在工业生产和科研领域中应用极为普遍。

（1）热电偶温度计

热电偶测温依据的原理是1821年塞贝克发现的热电现象。如果将两根不同材料的金属导线A和B的两端焊在一起，这样就组成了一个闭合回路。因为两种不同金属自由电子的密度不同，当两种金属接触时，在两种金属的交界处就会因电子密度不同而产生电子扩散，扩散结果为在两金属接触面两侧形成静电场，即接触电势差。这种接触电势差仅与两金属的材料和接触点的温度有关，温度越高，金属中的自由电子就越活跃，致使接触处所产生的电场强度增加，接触面电动势也相应增高，由此可制成热电偶测温计。直接用作测量介质温度的一端叫作工作端（也称为测量端），另一端叫作冷端（也称为补偿端）。冷端与显示仪表或配套仪表连接，显示仪表会指示出热电偶所产生的热电势。

（2）常用热电偶的特性

常用热电偶可分为标准热电偶和非标准热电偶两大类。所谓标准热电偶是指国家标准规定了其热电势与温度的关系、允许误差，并有统一的标准分度表的热电偶，它有与其配套的显示仪表供选用。非标准化热电偶在使用范围或数量级上均不及标准化热电偶，一般也没有统一的分度表，主要用于某些特殊场合的测量。我国从1988年1月1日起，标准化热电偶和热电阻全部按 IEC 国际标准生产，并指定 S、B、E、K、R、J、T、N 八种标准化热电偶为我国统一设计型热电偶。几种常用热电偶的特性数据见表 3-2。使用者可以根据表 3-2 中列出的数据，选择合适的二次仪表，确定热电偶的使用温度范围。

表 3-2　常用热电偶的主要性能

名　　称	分度号	测量范围/℃	适用气氛	稳定性
铂铑$_{30}$-铂铑$_6$	B	$200\sim1800$	氧化、中性	$<1500℃$,优；$>1500℃$,良
铂铑$_{13}$-铂	R	$-40\sim1600$	氧化、中性	$<1400℃$,优；$>1400℃$,良
铂铑$_{10}$-铂	S			
镍铬-镍硅（铝）	K	$-270\sim1300$	氧化、中性	中等
镍铬硅-镍硅	N	$-270\sim1260$	氧化、中性、还原	良
镍铬-康铜	E	$-270\sim1000$	氧化、中性	中等
铁-康铜	J	$-40\sim760$	氧化、中性、还原、真空	$<500℃$,良；$>500℃$,差
铜-康铜	T	$-270\sim350$	氧化、中性	$-170\sim200℃$,优
钨铼$_3$-钨铼$_{25}$	WRe$_3$-WRe$_{25}$	$0\sim2300$	中性、还原、真空	中等
钨铼$_5$-钨铼$_{26}$	WRe$_5$-WRe$_{26}$			

（3）热电偶的校验

热电偶的热端在使用过程中，由于氧化、腐蚀、材料再结晶等因素的影响，其热电特性易发生改变，使测量误差越来越大，因此热电偶必须定期进行校验，测出热电势变化的情况，以便对高温氧化产生的误差进行校正。当热电势变化超出规定的误差范围时，应更换热电偶丝，更换后必须重新进行校验才能使用。

3.3.2.3　热电阻温度计

热电阻温度计是中低温区最常用的一种温度检测器。它的主要特点是测量精度高，性能稳定，信号可以远距离传送和记录。其中铂热电阻的测量精确度是最高的，它不仅广泛应用于工业测温，而且被制成标准的基准仪。热电阻温度计包括金属丝电阻温度计和热敏电阻温度计两种。热电阻温度计的使用温度如表 3-3 所示。

表 3-3　热电阻温度计的使用温度

种　　类	使用温度范围/℃	温度系数/℃$^{-1}$
铂电阻温度计	$-260\sim630$	$+0.0039$
镍电阻温度计	<150	$+0.0062$
铜电阻温度计	<150	$+0.0043$
热敏电阻温度计	<350	$-0.03\sim-0.06$

（1）金属丝电阻温度计的工作原理

热电阻温度计是利用金属导体的电阻值随温度变化而改变的特性来进行温度测量的。纯金属及多数合金的电阻率随温度的升高而增加，即具有正的温度系数。在一定温度范围内，电阻与温度的关系是线性的。温度的变化可导致金属导体的电阻发生变化。这样，只要测出电阻值的变化，就可达到测量温度的目的。

由于感温元件占有一定的空间，所以不能像热电偶温度计那样，用来测量"点"的温度，当要求测量任何空间内或表面部分的平均温度时，热电阻温度计用起来非常方便。热电阻温度计的缺点是不能测定高温，因为流过的电流过大时，会发生自热现象而影响准确度。

（2）热敏电阻温度计

热敏电阻体是在锰、镍、钴、铁、锌、钛、镁等金属的氧化物中分别加入其他化合物制成的。热敏电阻和金属导体的热电阻不同，它属于半导体，具有负电阻温度系数，其电阻值随温度的升高而减小，随温度的降低而增大。虽然温度升高，粒子的无规则运动加剧，引起自由电子迁移率略微下降，然而自由电子的数目随温度的升高而增加得更快，所以温度升高其电阻值下降。

（3）热电阻测温系统的组成

热电阻测温系统一般由热电阻、连接导线和显示仪表等组成。组成热电阻测温系统时必须注意以下两点：一是热电阻和显示仪表的分度号必须一致；二是为了消除连接导线电阻变化的影响，必须采用三线制接法。

第4章 演示实验

4.1 雷诺实验

4.1.1 实验目的

① 通过观察圆直管内流体的流动形态，了解管内流体质点的运动方式，认识不同流动形态的特点。

② 掌握判别流型的准则，计算并验证圆直管内流体做层流、过渡流、湍流时的雷诺数（Re）。

4.1.2 实验内容

① 用水为介质，以红墨水为示踪剂，观察圆直玻璃管内的水介质做层流、过渡流、湍流时的不同流动形态。

② 观察在圆直玻璃管内流体水做层流流动时的速度分布。

4.1.3 基本原理

雷诺（Reynolds）于1883年最早发现流体流动有两种不同形态，即层流（或称滞流，laminar flow）和湍流（或称紊流，turbulent flow）。流体质点做平行于管轴的直线运动，且在径向无脉动时，流体称作层流流动；流体做湍流流动时，其流体质点除沿管轴方向向前运动外，还做径向脉动，从而在宏观上显示出紊乱地向各个方向做不规则的运动。

雷诺数（Re）可用来判断流体流动形态，这是一个由各影响变量组合而成的无量纲数群，采用不同的单位制，其值也是相同的。但应当注意，数群中各物理量必须采用同一单位制。若流体在圆管内流动，则雷诺数可用下式表示：

$$Re = \frac{du\rho}{\mu} \tag{4-1}$$

式中　Re——雷诺数，无量纲；

$\quad\quad d$——管子内径，m；

$\quad\quad u$——流体在管内的平均流速，m/s；

ρ——流体密度，kg/m³；

μ——动力黏度；Pa·s。

工程上一般认为，流体在圆直管内流动，$Re \leqslant 2000$ 时为层流；$Re > 4000$ 时，圆管内形成湍流；当 Re 在 2000~4000 范围时，流体流动处于一种过渡状态，可能是层流，也可能是湍流，或者二者交替出现，这要视外界干扰而定，一般称这一 Re 范围为过渡区。层流转变为湍流时的雷诺数称为临界雷诺数，用 Re_c 表示。

式(4-1)表明：对于一定温度下的流体，流体性质（ρ 和 μ）一定，在特定的圆管内流动，雷诺数仅与流体流速有关。本实验即是通过改变在管内流动的流体流量，继而改变其速度，观察在不同雷诺数下流体的流动形态。

4.1.4　实验装置及流程

流体流型装置及流程如图 4-1 所示。主要由玻璃实验导管、流量计、流量调节阀、低位贮水槽、循环水泵、稳压溢流水槽等部分组成，实验主管路为 ϕ20mm×2mm 硬质玻璃管。

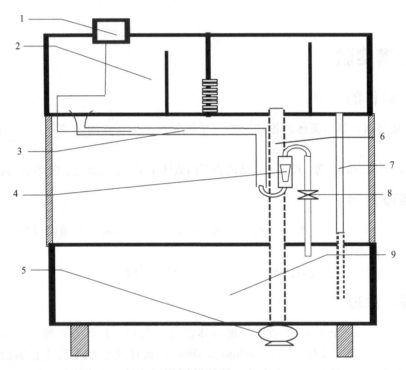

图 4-1　流体流型装置及流程

1—红墨水贮槽；2—稳压溢流水槽；3—实验导管；4—转子流量计；5—循环水泵；
6—上水管；7—溢流回水管；8—调节阀；9—低位贮水槽

实验前，先将水充满低位贮水槽，关闭流量计后的调节阀，然后启动循环水泵。待水充满稳压溢流水槽后，开启流量计后的调节阀。水由稳压溢流水槽流经缓冲槽、实验导管和流量计，最后流回低位贮水槽。水流量的大小可由调节阀调节。

示踪剂采用红色墨水，它由红墨水贮槽经连接管和细孔喷嘴，注入实验导管。细孔玻璃注射管（或注射针头）位于实验导管入口的轴线部位。

注意：① 实验用的水应清洁；

②　红墨水的密度应与水相当；

③　装置要放置平稳，避免震动。

4.1.5　演示操作

（1）层流流动形态

实验时，先少许开启调节阀，将流速调至所需要的值。再调节红墨水贮槽的下口旋塞，并作精细调节，使红墨水的注入流速与实验导管中主体流体的流速相适应，一般略低于主体流体的流速为宜。待流动稳定后，记录主体流体的流量。此时，在实验导管的轴线上就可观察到一条平直的红色细流，好像一根拉直的红线一样。

（2）湍流流动形态

缓慢地加大调节阀的开度，使水流量平稳地增大，玻璃导管内的流速也随之平稳地增大。此时可观察到，玻璃导管轴线上呈直线流动的红色细流开始发生波动。随着流速的增大，红色细流的波动程度也随之增大，最后断裂成一段段的红色细流。当流速继续增大时，红墨水进入实验导管后立即呈烟雾状分散在整个导管内，进而迅速与主体水流混为一体，使整个管内流体染为红色，以致无法辨别红墨水的流线。

4.1.6　实验数据记录、结果整理

①　实验设备基本参数：实验导管内径 $d=$ ____　mm。

②　实验数据记录及处理的形式见表 4-1。

表 4-1　雷诺实验测定实验数据整理表

实验序号	流量 Q	流速 u	温度 T	黏度 μ	密度 ρ	雷诺数 Re	实验现象及流型
	L/h	m/s	℃	Pa·s	kg/m³		

③　以实验序号____为例作演算过程。

实验学生姓名：_____　　实验设备号：_____

实验教师签字：_____　　实验日期：____年____月____日

4.1.7 注意事项

① 做层流流动时，为了使层流状况能较快地形成，而且能够保持稳定，第一，水槽的溢流应尽可能小。因为溢流大时，上水的流量也大，上水和溢流两者造成的震动都比较大，影响实验结果。第二，应尽量不要人为地使实验装置产生任何震动。

② 实验时红墨水流速和实验导管内主体流速要基本一致，不能相差太大。

③ 调节流速改变流动形态时，调节阀应微调，幅度不能过大。

④ 在实验过程中，应随时注意稳定水槽的流水量，随着操作流量的变化，相应调节自来水给水量，防止稳压槽内液面下降或溢出造成事故的发生。

⑤ 开启红墨水阀使实验导管入口附近2～3cm的水染上颜色，然后停加墨水，并开启调节阀，让水保持在层流状态下流动，观察水流速度分布。

4.1.8 实验预习

① 雷诺实验的目的是什么？

② 预测雷诺实验的可观察到的现象。

③ 雷诺数如何计算，以及雷诺数计算式中的各参数如何测定？

④ 为何要判定流体的流动形态，其意义如何？

⑤ 了解实验装置图，试分析在实验过程中是如何实现管路中流体的稳态流动的？（稳压溢流水槽的结构是怎样的，它是如何实现管路中流体的稳态流动的？）

4.1.9 实验思考题

① 溢流装置是怎样的结构，它的作用是什么？

② 雷诺数的意义是什么？导致层流和湍流特征根本区别的原因是什么？

③ 如果红墨水注入管不设在实验管中心，能得到实验预期的结果吗？

④ 如何计算某一流量下的雷诺数？用雷诺数判别流型的标准是什么？

⑤ 温度与流动形态的关系是什么？

⑥ 流体流动有几种形态，判定依据是什么？

⑦ 速度分布曲线是什么形状？

⑧ 最大流速和平均流速的关系是什么？

⑨ 影响流体流动形态的因素有哪些？

⑩ 如果导管是不透明的，不能用直接观察来判断管中的流动形态，你认为可以用什么方法来判断管中的流动形态？

⑪ 有人说可以只用流速来判断管中的流动形态，流速低于某一具体数值时是层流，否则是湍流。你认为这种看法对否？在什么条件下，可以只由流速的数值来判断流动形态？

⑫ 怎样区别层流和湍流流动？

⑬ 实验过程中，哪些因素对实验结果有影响？

4.2 流体流动过程机械能的转换

4.2.1 实验目的

① 观察流体在管道中流动的情况下，静压能、动能和位能之间相互转换的关系，加深对伯努利方程的理解。

② 从管径、位置、流量的变化，观测动、静、位压头的情况，验证连续性方程和伯努利方程。

③ 定量研究流体流速与管径在流体流经收缩、扩大管段时的关系。

④ 定量研究流体阻力与流量在流体流经直管段时的关系。

⑤ 定性流体的压头损失在流经节流件、弯头时的情况。

⑥ 了解流体阻力在管道中流动时的表现形式。

4.2.2 实验内容

① 验证变截面连续性方程。

② 比较流体经变节流件后的压头损失。

③ 比较流体经弯头和流量计后的压头损失及位能变化情况。

④ 验证直管段雷诺数与流体阻力系数的关系。

⑤ 测定单管压力计处的中心速度。

⑥ 观察流体流动过程中，随着测试管路结构、水平位置及流量的变化，流体的势能和动能之间的转换变化情况，并找出其规律，以验证伯努利方程。

4.2.3 基本原理

化工生产中，流体的输送多在密闭的管道中进行，因此研究在管道中流动的流体是过程工程的重要内容之一。任何运动的流体，都遵守质量守恒定律和能量守恒定律，这是研究流体力学性质的基本出发点。

4.2.3.1 连续性方程

对于在管内稳定流动的流体，用连续性方程表达其遵守质量守恒定律可表示如下

$$\rho_1 \iint\limits_1 u\, dA = \rho_2 \iint\limits_2 u\, dA \tag{4-2}$$

根据平均流速的定义，有

$$\rho_1 \overline{u_1} A_1 = \rho_2 \overline{u_2} A_2 \tag{4-3}$$

式中　u——流速，m/s；

ρ_1，ρ_2——管道端面1、2处流体的密度，kg/m^3；

$\overline{u_1}$，$\overline{u_2}$——管道端面1、2处流体的流速，m/s；

A_1，A_2——管道端面1、2处的截面积，m^2。

　　即　　　　　　　　　　　　　$m_1 = m_2 \tag{4-4}$

式中　m_1，m_2——管道内端面1、2处流体的质量，kg。

而对均质、不可压缩流体，$\rho_1 = \rho_2 =$ 常数，则式(4-4)变为

$$\overline{u_1} A_1 = \overline{u_2} A_2 \tag{4-5}$$

可见，对均质、不可压缩流体，平均流速与流通截面积成反比，即面积越大，流速越小；反之，面积越小，流速越大。

对圆管，$A = \pi d^2/4$，d 为直径，式(4-5) 可转化为

$$\bar{u}_1 d_1^2 = \bar{u}_2 d_2^2 \tag{4-6}$$

4.2.3.2 机械能衡算方程

运动的流体除了遵循质量守恒定律以外，还应满足能量守恒定律。依此，在工程上可进一步得到十分重要的机械能衡算方程（伯努利方程）。

对于均质、不可压缩流体，在管路内做稳定流动时，其机械能衡算方程（以单位质量流体为基准）可表示为

$$z_1 + \frac{u_1^2}{2g} + \frac{p_1}{\rho g} + h_e = z_2 + \frac{u_2^2}{2g} + \frac{p_2}{\rho g} + h_f \tag{4-7}$$

显然，上式中各项均具有高度的量纲，z 称为位头，$u^2/(2g)$ 称为动压头（速度头），$p/(\rho g)$ 称为静压头（压力头），h_e 称为外加压头，h_f 称为压头损失。

关于上述机械能衡算方程的讨论如下。

① 理想流体的伯努利方程。无黏性的即没有黏性摩擦损失的流体称为理想流体，理想流体的 $h_f = 0$，若此时又无外加功加入，则机械能衡算方程式(4-7) 变为

$$z_1 + \frac{u_1^2}{2g} + \frac{p_1}{\rho g} = z_2 + \frac{u_2^2}{2g} + \frac{p_2}{\rho g} \tag{4-8}$$

式(4-8) 为理想流体的伯努利方程。该式表明，理想流体在流动过程中，总机械能保持不变。

② 若流体静止，则 $u = 0$，$h_e = 0$，$h_f = 0$，于是机械能衡算方程变为

$$z_1 + \frac{p_1}{\rho g} = z_2 + \frac{p_2}{\rho g} \tag{4-9}$$

式(4-9) 即为流体静力学方程，可见流体静止状态是流体流动的一种特殊形式。

4.2.4 实验装置及流程

流体流动过程的机械能转换装置及流程如图 4-2 所示。

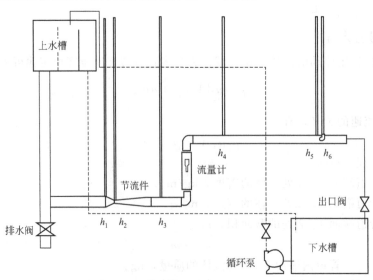

图 4-2　流体流动过程的机械能转换装置及流程

h_1，h_2，h_3，h_4，h_5，h_6—单管压力计

该装置为有机玻璃材料制作的管路系统，通过泵使流体循环流动。管路内径为 30mm，节流件变截面处管内径为 15mm。

通过读取单管压力计 h_1 和 h_2，可用于验证变截面连续性方程；

通过读取单管压力计 h_1 和 h_3，可用于比较流体经节流件后的压头损失；

通过读取单管压力计 h_3 和 h_4，可用于比较流体经弯头和流量计后的压头损失及位能变化情况；

通过读取单管压力计 h_4 和 h_5，可用于验证直管段雷诺数与流体阻力系数关系；

通过读取单管压力计 h_6 与 h_5 配合使用，用于测定单管压力计 h_5 处的中心点速度。

4.2.5 实验步骤

① 先在贮水槽中加满清水，保持管路排水阀、出口阀关闭状态，通过循环泵将水打入上水槽中，使整个管路中充满水，并保持上水槽液位一定高度，可观察流体在静止状态时各单管压力计的高度，由于压力计的背面采用了镜面不锈钢，注意读数一定要准确。

② 开始实验前，需先清洗整个管路系统，即先使管内流体流动数分钟，检查阀门、管段有无堵塞或漏水情况，并排除管路中的空气。

③ 为了保持上水槽液位高度稳定（即保证整个系统处于稳定流动状态），注意慢慢地调节出口阀，调节管内流量，并尽可能使转子流量计读数在刻度线上。观察记录各单管压力计读数和流量值。

④ 再调节出口阀，改变管内流量，观察各单管压力计读数随流量的变化情况。注意每改变一个管内流量，管路系统需要一定的稳流时间，之后才可读取数据。

⑤ 数据采集结束后，当要结束实验时，先关闭循环泵，全开出口阀排尽系统内水，之后打开排水阀排空管内沉积段流体。打开贮水槽的出口阀将槽内水排出。

4.2.6 注意事项

① 若不经常使用该装置，实验结束后应将贮水槽内水排净，防止尘土沉积堵塞测速管。

② 每次开始实验前，也需先清洗整个管路系统，即先使管内流体流动几分钟，检查阀门、管段有无堵塞或漏水情况。

③ 不要将泵出口调节阀开启过大，以免水从高位槽冲出和导致高位槽液面不稳定。

④ 流量调节阀需缓慢地关小，以免造成流量突然下降，使测压管中的水溢出。

⑤ 实验时必须排除管路系统内的空气泡。

4.2.7 实验预习

① 流体的机械能包括哪几种形式？

② 在本实验装置中，是如何测定流体的动能、静压能、位能的？

③ 在实验步骤①中，当整个管路中充满水，并保持上水槽液位一定高度，流体在静止状态时各单管压力计的高度是多少？为什么？

④ 常见的节流件（即流体经过节流处时流通界面收缩减小）有哪些？结构如何？

⑤ 在实验装置中，保持稳态流动，流体通过节流件时，流通界面变小，则引起流速增大、动能增加，流体在节流件处总的机械能是否增加？为什么？

⑥ 在装置图 4-2 中，流体经过节流件后，由于有能量损失，流体的流速是否会下降？请说明理由。

⑦ 在实验装置中，各单管压力计之间的高度差意味着什么？怎样能使相邻的单管压力计之间的高度差增大？为什么？

⑧ 在该实验装置中，如何测定管路中某一点的点速度？测定点速度时要注意的问题有哪些？

4.2.8 原始实验数据记录

原始实验数据记录的形式见表 4-2。

表 4-2 机械能转换测定原始实验数据记录表

编号	流量 Q	压力计 h_1	压力计 h_2	压力计 h_3	压力计 h_4	压力计 h_5	压力计 h_6	压力计内水柱稳定情况
	L/h	cm	cm	cm	cm	cm	cm	
1	0							
2	160							
3	200							
4	250							
5	300							
6	350							
7	400							
8	450							
9	500							
10	550							
11	600							
12	650							
13	700							
14	750							
15	800							
16	850							
17	900							
18	950							
19	1000							
20	1050							
21	1100							
22	1150							
23	1200							
24	1250							
25	1300							
26	1350							
27	1400							
28	1450							
29	1500							
30	1550							
31	1600							

实验学生姓名：＿＿＿＿＿＿＿＿＿＿ 实验设备号：＿＿＿＿＿＿＿＿＿＿

实验教师签字：＿＿＿＿＿＿＿＿＿＿ 实验日期：＿＿＿年＿＿月＿＿日

4.2.9 实验报告的要求

① 实验数据整理表见表 4-3。

表 4-3 机械能转换测定实验数据整理表

编号	流量 Q	平均流速 $\bar{u}_1$	平均流速 $\bar{u}_2$	压头损失 h_{12}	压头损失 h_{13}	压头损失 h_{34}	压头损失 h_{45}	压头损失 h_{56}
	L/h	m/s	m/s	cm	cm	cm	cm	cm
1	0							
2	160							
3	200							
4	250							
5	300							
6	350							
7	400							
8	450							
9	500							
10	550							
11	600							
12	650							
13	700							
14	750							
15	800							
16	850							
17	900							
18	950							
19	1000							
20	1050							
21	1100							
22	1150							
23	1200							
24	1250							
25	1300							
26	1350							
27	1400							
28	1450							
29	1500							
30	1550							
31	1600							

② 计算举例：以编号＿＿＿＿为例计算平均流速 $\overline{u}_1$，平均流速 $\overline{u}_2$，压头损失 h_{12}，压头损失 h_{13}，压头损失 h_{34}，压头损失 h_{45}，压头损失 h_{56}。

③ 验证连续性方程。

④ 比较流体经过节流件后的压头损失（作出流量-压头损失的关系图），并进行简单说明。

⑤ 比较流体经弯头和流量计后的压头损失及位能变化情况（作出流量-压头损失及位能的关系图），并进行简单说明。

⑥ 验证直管段雷诺数与流体阻力系数的关系。

⑦ 测定单管压力计处的中心速度。

4.2.10 思考题

① 通过比较各项机械能数值的相对大小，进行分析讨论。

② 当测压孔正对水流方向时，各测压管的位高度 H 的物理意义是什么？

③ 在管道流动的流体与哪些能量有关？

④ 从实验中如何准确读取、获得某截面的静压头，继而又如何获得该截面的动压头？

第5章 基础实验

5.1 流量计校核

5.1.1 实验目的

① 了解几种常用流量计的构造、工作原理和主要特点。

② 掌握流量计的标定方法。

③ 了解节流式流量计流量系数 C 随雷诺数 Re 的变化规律，流量系数 C 的确定方法。

④ 学习合理选择坐标系的方法。

5.1.2 实验内容

① 了解孔板、文丘里、转子流量计及涡轮流量计的构造及工作原理。

② 测定节流式流量计（孔板或文丘里）的流量标定曲线。

③ 测定节流式流量计的雷诺数 Re 和流量系数 C 的关系。

5.1.3 实验原理

流体通过节流式流量计时在流量计上、下游两取压口之间产生压强差，它与流量的关系为

$$q_{v}=CA_{0}\sqrt{\frac{2(p_{\pm}-p_{\mp})}{\rho}}\tag{5-1}$$

式中 q_{v}——被测流体（水）的体积流量，m^3/s；

C——流量系数，无量纲；

A_{0}——流量计节流孔截面积，m^2；

$p_{\pm}-p_{\mp}$——流量计上、下游两取压口之间的压强差，Pa；

ρ——被测流体（水）的密度，kg/m^3。

用计量槽和秒表来测量流量 q_{v}。对应于每一个流量 q_{v} 在压差计上都有一对应的压差读

57

数 Δp，将压差计读数 Δp 和流量 q_v 绘制成一条曲线，即流量标定曲线。同时用上式整理数据可进一步得到 $C\text{-}Re$ 关系曲线。

又知

$$Re = \frac{du\rho}{\mu} \tag{5-2}$$

式中　ρ——被测流体在相应温度下的密度，kg/m^3；

　　　μ——被测流体在相应温度下的黏度，$Pa\cdot s$；

　　　d——测试管内径，接文丘里管的 $d_内=0.025m$，接孔板的管内径 $d=0.040m$。

根据实验测得的数据，整理 $C\text{-}Re$ 表，并在单对数坐标系上（Re 取对数坐标）绘图，便可得到 $C\text{-}Re$ 曲线。

5.1.4　实验装置

① 流量计校核流程图如图 5-1 所示，根据选定的需要校正的流量计，选择管路走向，确定该流量计的校核实验流程。

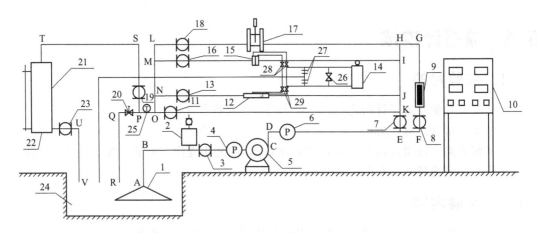

图 5-1　流量计校核流程图

1—底阀；2—自动引水器；3,7,8,11,13,16,18,19,20,23—控制阀；4—真空表；5—离心泵；6—压力表；9—转子流量计；10—控制柜；12—文丘里；14—压差变送器；15—孔板流量计；17—涡轮；21—计量槽；22—液位计；24—水槽；25—温度计；26—压差传感器平衡阀；27—排气阀；28—孔板控制阀；29—文丘里控制阀

② 流量测定：用计量槽作为标准流量计测量流量。

③ 压差测量：用压差变送器直接读取。

④ 温度测量：用温度计直接测量。

5.1.5　操作方法

① 选定校核流量计，如孔板流量计 15，确定流程为 A-B-C-D-E-K-J-I-M-N-O-P-S-T-U-V，开启选定流程中的所有阀门。

② 关闭其他旁路所有阀门。

③ 关闭阀门 19、20。

④ 按下电源和离心泵按钮。

58

⑤ 设定变频器转速后，按 RUN 启动离心泵。

⑥ 反复开关阀门 20 排气。

⑦ 关闭阀门 20，开启孔板流量计控制阀 28 和平衡阀 26 反复排气。

⑧ 测定数据时，关闭阀门 23，调节阀门 19，读孔板流量计压差显示值，用秒表计时，测量计量槽单位时间水的体积量，整个实验测取 8～10 组数据。从最大流量做起，每对应一个阀门开度，用体积法测定流量，同时记录压差读数，并记录水温。

5.1.6 注意事项

① 启动离心泵之前，必须检查所有流量调节阀是否关闭。

② 测数据时必须关闭平衡阀 26。

5.1.7 报告内容

① 将实验数据和整理结果列在数据表格中，并以其中一组数据计算举例。

② 在合适的坐标系上，标绘节流式流量计的流量 q_v 与压差 Δp 的关系曲线（即流量标定曲线）、流量系数 C 与雷诺数 Re 的关系曲线。

③ 将有关原始数据、实验数据及计算结果列成表格。

④ 在方格坐标纸上绘制 Δp-q_v 曲线，在单对数坐标纸上绘制 C-Re 曲线。

5.1.8 节流式流量计主要参数

孔板孔径：25.0mm；文丘里管喉径：25.0mm；主管道直径：40.0mm。

实验数据见表 5-1。

表 5-1 实验数据记录表　　　　温度：

实验序号	流量/(m³/h)	压差 Δp/MPa
1		
2		
3		
4		
5		
6		
7		
8		

5.1.9 思考题

① 系统为什么要排气？

② 流量系数 C 与哪些因素有关？

③ 比较孔板流量计和文丘里流量计的优缺点。

④ 实验管路及导压管中如果积存有空气，为什么要排除？

5.2 流体管内流动阻力测定

5.2.1 实验目的

① 学习直管摩擦阻力 h_f、摩擦系数 λ 的测定方法，了解测定 λ 的工程意义。

② 掌握摩擦系数 λ 与雷诺数 Re 和相对粗糙度 $\dfrac{\varepsilon}{d}$ 之间的关系及其变化规律。

③ 掌握局部阻力系数 ζ 的测量方法。

④ 学习压强差的几种测量方法和技巧。

⑤ 掌握坐标系的选用方法和对数坐标系的使用方法。

5.2.2 实验内容

① 测定直管内流体流动的阻力和摩擦系数。

② 测定直管内流体流动的摩擦系数 λ 与雷诺数 Re 和相对粗糙度 $\dfrac{\varepsilon}{d}$ 之间的关系。

③ 在本实验压差测量范围内，测量阀门的局部阻力系数。

5.2.3 实验原理

5.2.3.1 摩擦系数 λ 与雷诺数 Re 关系的测定

流体在管道内流动时，由于流体的黏性剪应力作用和涡流的影响会产生流动阻力。流体在水平等径直管内流动的阻力大小，与管长 l、管径 d、管壁粗糙度 ε 及流体流速 u、黏度 μ 和密度 ρ 有关，即

$$h_f = \frac{\Delta p}{\rho} \tag{5-3}$$

以及

$$\Delta p = f(d,l,u,\rho,\mu,\varepsilon) \tag{5-4}$$

对于管内层流流动，理论上可导出

$$h_f = \frac{\Delta p}{\rho} = \frac{32\mu l u}{\rho d^2} \tag{5-5}$$

它与 ε 无关，且与实验数据吻合。对于管内湍流流动，式(5-4) 中几个参数与 Δp 的关系复杂，只能依赖实验测定和关联。采用量纲分析方法，整理式(5-5) 的参数，可组成以下的无量纲数群关系式

$$\frac{h_f}{u^2} = F\left(\frac{d u \rho}{\mu}, \frac{l}{d}, \frac{\varepsilon}{d}\right) \tag{5-6}$$

参照范宁（Fanning）公式

$$h_f = \lambda \times \frac{l}{d} \times \frac{u^2}{2} \tag{5-7}$$

可将式(5-6) 改写为

$$h_f = \varphi\left(Re, \frac{\varepsilon}{d}\right) \times \frac{l}{d} \times \frac{u^2}{2} \tag{5-8}$$

比较式(5-7) 和式(5-8) 可得

$$\lambda = \varphi\left(Re, \frac{\varepsilon}{d}\right) \tag{5-9}$$

由式(5-7)可知,只要知道 λ 值,就能计算任一(牛顿型)流体在任一直管中的阻力损失。而式(5-9)的 λ,是雷诺数 Re 和管壁相对粗糙度 $\frac{\varepsilon}{d}$ 的函数,要确定它们之间的关系,只要用水作物系,在实验规模的装置中,进行有限的实验即可得到。

对于光滑管,也就是管壁粗糙度 $\varepsilon <$ 层流底层厚度 δ_b 的管,由于管壁的粗糙峰埋在层流底层中,$\frac{\varepsilon}{d}$ 对流动阻力不产生影响,因此,对于光滑管:

$$\lambda = \varphi'(Re) \tag{5-10}$$

湍流时的粗糙管和光滑管的 λ 由理论导出的计算式与实际相差较大,实际使用中仍然采用实验测定并整理绘制的 $\lambda = \varphi\left(Re, \frac{\varepsilon}{d}\right)$ 关系图。

本实验分别测定光滑管,以及特定 $\frac{\varepsilon}{d}$ 值的粗糙管,求其 $\lg\lambda$-$\lg Re$ 的关系曲线。方法是:①测定流量 q_v ——算出 u 和 Re;②测定直管的 Δp ——按式(5-7)和式(5-3)算出 λ 值;③将 Re 和 λ 绘于双对数坐标纸上。

5.2.3.2 局部阻力系数 ζ 的测定

$$h'_f = \frac{\Delta p'_f}{\rho} = \zeta \frac{u^2}{2} \tag{5-11}$$

$$\zeta = \frac{2}{\rho} \times \frac{\Delta p'_f}{u^2} \tag{5-12}$$

式中 ζ ——局部阻力系数,无量纲;

$\Delta p'_f$ ——局部阻力引起的压强降,Pa;

h'_f ——局部阻力引起的能量损失,J/kg。

局部阻力引起的压强降 $\Delta p'_f$ 可用下面的方法测量:在一根等直径的直管段上,安装待测局部阻力的阀门,在其上、下游开两对测压口 a-a' 和 b-b',见图5-2,使

$$ab = bc; \qquad a'b' = b'c'$$

则

$$\Delta p_{f,ab} = \Delta p_{f,bc}; \qquad \Delta p_{f,a'b'} = \Delta p_{f,b'c'}$$

在 $a \sim a'$ 之间列伯努利方程式: $\quad p_a - p_{a'} = 2\Delta p_{f,ab} + 2\Delta p_{f,a'b'} + \Delta p'_f \tag{5-13}$

在 $b \sim b'$ 之间列伯努利方程式: $\quad p_b - p_{b'} = \Delta p_{f,bc} + \Delta p_{f,b'c'} + \Delta p'_f$

$$= \Delta p_{f,ab} + \Delta p_{f,a'b'} + \Delta p'_f \tag{5-14}$$

联立式(5-13)和式(5-14),则:

$$\Delta p'_f = 2(p_b - p_{b'}) - (p_a - p_{a'}) \tag{5-15}$$

为了实验方便,称 $(p_b - p_{b'})$ 为近点压差,称 $(p_a - p_{a'})$ 为远点压差。用压差传感器来测量。

图 5-2 局部阻力测量取压口布置图

5.2.4 实验装置

① 本实验共有三套装置，实验装置流程如图 5-3 所示。

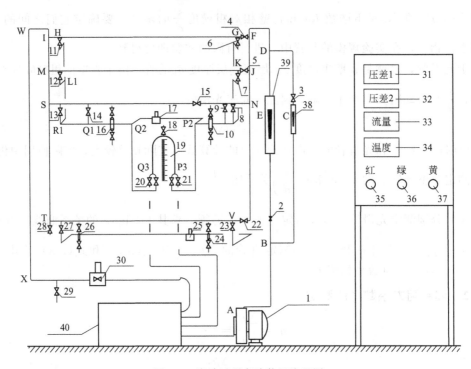

图 5-3　流动过程实验装置流程图

1—离心泵；2—大流量调节阀；3—小流量调节阀；4,5,15,22—球阀；6,11—光滑管取压阀；7,12—粗糙管取压阀；8,9,13,14—局部阻力取压阀；10,16,24,26—排气罐；17,25—压差传感器；18,20,21—倒置 U 形管压差计调节阀；19—倒置 U 形管压差计；23,27—大管径光滑管取压阀；28,29—排气阀；30—涡轮流量计；31,32,33,34—数显表；35,36,37—按钮开关；38,39—转子流量计；40—水槽

测定光滑管摩擦系数选择流程：A→B(C→D)→E→F→G→H→I→W→X；测定粗糙管摩擦系数选择流程：A→B(C→D)→E→F→J→K→L→M→I→W→X；（C→D）为流量小于 $2m^3/h$ 时的流程。

② 流量测量：在图 5-3 中由转子流量计和涡轮流量计测量。

③ 直管段压强降的测量：压差变送器或倒置 U 形管压差计直接测取压差值。

5.2.5 操作方法

① 按下电源的绿色按钮，通电预热数字显示仪表，记录压差变送器的初始值，关闭流量调节阀 2、3，启动离心泵。

② 光滑管阻力测定：

a. 关闭阀 5、15、22，将阀 4 全开。

b. 在流量为零条件下，旋开取压阀 6、11 和倒置 U 形管压差计调节阀 20、21，检查导压管内是否有气泡存在。若倒置 U 形管内液柱高度差不为零，则表明导压管内存在气泡，需要进行赶气泡操作。操作方法如下：

开大流量调节阀 2，使倒置 U 形管内液体充分流动，以赶出管路内的气泡；若认为气泡已赶净，将流量阀关闭；慢慢旋开倒置 U 形管上部的放空阀 18，使液柱降至零点上下时马上关闭，管内形成气-水柱；此时管内液柱高度差应为零。

c. 通过阀 2、3 调节流量。根据流量大小选择大、小量程的转子流量计测量。

d. 直管段的压差：小流量时用倒置 U 形管压差计测量，大流量时用压差变送器测量。应在最大流量和最小流量之间进行实验，一般测取 12～15 组数据，建议流量读数在 40L/h 之内，不少于 4 个点，以便得到层流状态下的 λ-Re 关系。在能用倒置 U 形管测压差时，尽量不用压差变送器测压差。

e. 阀 15 局部阻力测量：在最大流量时，直管段压差测量完后，将阀 15 半开，再读取相应压差变送器的压差数据。

③ 粗糙管阻力测定：

a. 关闭阀 4，全开阀 5，逐渐调大流量调节阀 2，赶出导压管内气泡。

b. 通过阀 2、3 调节流量。根据流量大小选择大、小量程的转子流量计测量，从小流量到最大流量，一般测取 10～15 组数据。

④ 在水箱中测取水温。

⑤ 待数据测量完毕，关闭流量调节阀，核实压差变送器初始值，继续其他实验或切断电源。

5.2.6 注意事项

① 启动离心泵之前，以及从光滑管阻力测量过渡到其他测量之前，都必须检查所有流量调节阀是否关闭。

② 测数据时则必须关闭所有的平衡阀，并且在用压差变送器测量时，必须关闭通倒置 U 形管的阀门，防止形成并联管路。

③ 利用压力传感器测量大流量下 Δp 时，应切断空气-水倒置 U 形玻璃管的阀门 20、21，否则影响测量数值。

④ 在实验过程中每调节一个流量后应待流量和直管压降的数据稳定后方可记录数据。

⑤ 在较长时间未启动离心泵，开启时应先盘轴转动，否则易烧坏电机。

5.2.7 原始实验数据记录

原始实验数据记录见表 5-2、表 5-3。

表 5-2 光滑管、粗糙管的原始实验数据记录表

光滑管内径：_____ mm；　　管长：_____ m；　　水的温度：_____ ℃
粗糙管内径：_____ mm；　　管长：_____ m；　　水的温度：_____ ℃

序号	流量 Q	光滑管压差 Δp		粗糙管压差 Δp	
	(m^3/h)	kPa	mmH$_2$O	kPa	mmH$_2$O
1	900				
2	800				
3	700				
4	600				
5	500				
6	400				
7	300				

序号	流量 Q (m³/h)	光滑管压差 Δp kPa	光滑管压差 Δp mmH₂O	粗糙管压差 Δp kPa	粗糙管压差 Δp mmH₂O
8	260				
9	220				
10	180				
11	140				
12	100				
13	90				
14	80				
15	70				
16	60				
17	50				
18	40				
19	30				
20	20				
21	10				

表 5-3 局部阻力的原始实验数据记录表

序号	阀门开启程度	流量 $Q/(m^3/h)$	近点压差 $\Delta p_{近}/kPa$	远点压差 $\Delta p_{远}/kPa$
1	全开			
2				
3				
4	半开			
5				
6				

实验学生姓名：_____   实验设备号：_____

实验教师签字：_____   实验日期：_____年___月___日

5.2.8 报告内容

① 将实验数据和数据整理结果列在以下表格中，并以其中一组数据为例写出计算过程。

a. 光滑管实验数据处理见表 5-4。

表 5-4 光滑管实验数据处理表

光滑管内径：_____ mm；   管长：_____ m；   水的温度：_____ ℃
水的密度：_____ kg/m³；   水的黏度：_____ Pa·s

序号	流量 Q L/h	光滑管压差 Δp kPa	光滑管压差 Δp mmH₂O	Δp Pa	流速 u m/s	雷诺数 Re	阻力系数 λ
1	900						
2	800						

序号	流量 Q	光滑管压差 Δp		Δp	流速 u	雷诺数 Re	阻力系数 λ
	L/h	kPa	mmH$_2$O	Pa	m/s		
3	700						
4	600						
5	500						
6	400						
7	300						
8	260						
9	220						
10	180						
11	140						
12	100						
13	90						
14	80						
15	70						
16	60						
17	50						
18	40						
19	30						
20	20						
21	10						

b. 以序号＿为例作演算。

c. 粗糙管实验数据处理见表 5-5。

表 5-5　粗糙管实验数据处理表

粗糙管内径：_____ mm；　　管长：_____ m；　　水的温度：_____ ℃
水的密度：_____ kg/m³；　　水的黏度：_____ Pa·s

序号	流量 Q	光滑管压差 Δp		Δp	流速 u	雷诺数 Re	阻力系数 λ
	L/h	kPa	mmH$_2$O	Pa	m/s		
1	900						
2	800						
3	700						
4	600						
5	500						
6	400						
7	300						
8	260						
9	220						
10	180						

序号	流量 Q	光滑管压差 Δp		Δp	流速 u	雷诺数 Re	阻力系数 λ
	L/h	kPa	mmH$_2$O	Pa	m/s		
11	140						
12	100						
13	90						
14	80						
15	70						
16	60						
17	50						
18	40						
19	30						
20	20						
21	10						

d. 以序号__为例作演算。

e. 局部阻力实验数据处理见表 5-6。

表 5-6　局部阻力实验数据处理表

序号	阀门开启程度	流量 Q /(m³/h)	近点压差 Δp$_近$/kPa	远点压差 Δp$_远$/kPa	局部阻力压差 Δp$_{局部阻力}$/Pa	流速 u /(m/s)	阻力系数 ζ
1							
2	全开						
3							
4							
5	半开						
6							

② 在双对数坐标系上标绘光滑直管和粗糙直管 λ-Re 关系曲线。

③ 据所标绘的 λ-Re 曲线,求本实验条件下滞流区的 λ-Re 关系式,并与理论公式比较。

5.2.9　思考讨论题

① 为什么实验数据测定前要排除管道及测压管内空气?用什么方法检查系统中的空气是否排除干净?

② 本实验用水为工作介质作出的 λ-Re 曲线能否适用其他流体?为什么?

③ 本实验是测定等直径水平直管的流动阻力,若将水平管改为流体自下而上流动的垂直管,从测量两取压点间压差的倒置 U 形管读数 R 到 Δp$_f$ 的计算过程和公式是否与水平管完全相同?为什么?

④ 为什么采用压差变送器和倒置 U 形管并联起来测量直管段的压差?何时用压差变送器?何时用倒置 U 形管?操作时要注意什么?

66

5.2.10 设备主要参数

① 被测光滑直管段：管径 d 0.0080m，管长 L 2.03m，材料为不锈钢管；被测粗糙直管段：管径 d 0.010m，管长 L 2.03m，材料为不锈钢管。

② 被测局部阻力直管段：管径 d 0.020m，管长 L 1.2m，材料为不锈钢管。

③ 压力传感器：型号 LXWY，测量范围 0～200kPa。

④ 直流数字电压表：型号 PZ139，测量范围 0～200kPa。

⑤ 离心泵：型号 WB70/055，流量 8m³/h，扬程 12m，电机功率 550W。

⑥ 玻璃转子流量计：玻璃转子流量计参数见表 5-7。

表 5-7　玻璃转子流量计参数表

型　　号	测量范围	精度等级
LZB-40	100～1000L/h	1.5
LZB-10	10～100L/h	2.5

5.3 离心泵特性曲线测定

5.3.1 实验目的

① 熟悉离心泵的操作方法。
② 掌握离心泵特性曲线测定方法,加深对离心泵性能的了解。
③ 掌握管路特性曲线的测定方法及离心泵工作点的确定方法。

5.3.2 实验内容

① 测定 IS 型离心泵在一定转速下,H(扬程)、P(轴功率)、η(效率)与 q_v(流量)之间的泵特性曲线。
② 测定该泵在不同转速下,H(扬程)、P(轴功率)、η(效率)与 q_v(流量)之间的比率关系,验证泵的比例定律。
③ 依据现有实验条件,自行设计管路特性曲线测定方法和实验步骤。

5.3.3 实验原理

5.3.3.1 离心泵特性曲线

离心泵是最常见的液体输送设备。在一定的型号和转速下,离心泵的扬程 H、轴功率 P 及效率 η 均随流量 q_v 而改变。通常通过实验测出 $H\text{-}q_v$、$P\text{-}q_v$ 及 $\eta\text{-}q_v$ 关系,并用曲线表示之,称为泵的特性曲线。泵特性曲线是确定泵的适宜操作条件和选用泵的重要依据。泵特性曲线的具体测定方法如下:

(1)H 的测定

在泵的吸入口和压出口之间列伯努利方程

$$z_\text{入} + \frac{p_\text{入}}{\rho g} + \frac{u_\text{入}^2}{2g} + H = z_\text{出} + \frac{p_\text{出}}{\rho g} + \frac{u_\text{出}^2}{2g} + H_{\text{f入}-\text{出}} \tag{5-16}$$

式中,$H_{\text{f入}-\text{出}}$ 是泵的吸入口和压出口之间管路内的流体流动阻力(不包括泵体内部的流动阻力所引起的压头损失),因所选的两截面很接近泵体,与式(5-16)中其他项比较,$H_{\text{f入}-\text{出}}$ 值很小,故可忽略。同时,实验的离心泵 $d_\text{入} = d_\text{出}$,因而 $u_\text{入} = u_\text{出}$。取式中 $p_\text{出} = p_\text{大} + p_\text{出(表)}$,而 $p_\text{入} = p_\text{大} - p_\text{入(真)}$,则式(5-16)可简化为

$$H = (z_\text{出} - z_\text{入}) + \frac{p_\text{出(表)} + p_\text{入(真)}}{\rho g} \tag{5-17}$$

式中　$(z_\text{出} - z_\text{入})$——压力表与真空表之间的垂直距离,m;

　　　　H——扬程,m;

　　　　$p_\text{大}$——大气压,Pa;

　　　　$p_\text{出(表)}$——泵出口压力表读数,Pa;

　　　　$p_\text{入(真)}$——泵入口真空表读数(真空度),Pa;

　　　　$u_\text{出}$——排出管内水的流速,m/s;

　　　　$u_\text{入}$——吸入管内水的流速,m/s;

　　　　ρ——水的密度,kg/m³;

　　　　g——重力加速度,9.81m/s²;

　　　　$H_{\text{f入}-\text{出}}$——泵进出口之间的管道阻力损失,m。

本实验中 $(z_出-z_入)=0.2m$，将测得的 $p_{出(表)}$ 和 $p_{入(真)}$ 的值代入式（5-17）即可求得 H 的值。

（2）P 的测定

功率表测得的功率为电动机的输入功率。由于本实验中泵与电动机为直联式，传动效率可视为1.0，所以电动机的输出功率等于泵的轴功率。即：

泵的轴功率＝电动机的输出功率。

电动机的输出功率＝电动机的输入功率（即功率表读数）×电动机的效率。

泵的轴功率＝功率表的读数×电动机效率。

本实验装置的电动机效率为85％。

（3）η 的测定

$$\eta=\frac{P_e}{P}=\frac{\rho g q_v H}{P} \tag{5-18}$$

式中　η——泵的效率；

　P——泵的轴功率，W；

　P_e——泵的有效功率，W；

　H——泵的扬程，m；

　q_v——泵的流量，m^3/s；

　ρ——水的密度，kg/m^3；

　g——9.81m/s^2。

5.3.3.2　比例定律验证

离心泵的特性曲线是在一定的转速下测定的，通过变频器调节三相电机的转速，可以作多种转速下的特性曲线，由此掌握转速变化时对特性曲线的影响。当泵转速 n_1 变为 n_2，变化幅度≤±20％时，视流体离开叶轮的速度三角形相似，效率 η 也不变，因而就有以下的比率关系，实验中可予以验证：

$$\frac{q_{v2}}{q_{v1}}=\frac{n_2}{n_1} \qquad \frac{H_2}{H_1}=\left(\frac{n_2}{n_1}\right)^2 \qquad \frac{P_2}{P_1}=\left(\frac{n_2}{n_1}\right)^3$$

式中　q_{v2}，H_2，P_2——转速为 n_2 时泵的性能；

　q_{v1}，H_1，P_1——转速为 n_1 时泵的性能。

5.3.3.3　管路特性曲线的测定及离心泵工作点的确定

由流程图选择一特定管路系统，被输送的液体要求离心泵供给的扬程 H 可由管段的两截面间的伯努利方程求得，即

$$H=\Delta z+\frac{\Delta p}{\rho g}+\frac{\Delta u^2}{2g}+\sum H_f \tag{5-19}$$

对特定的管路系统，$\Delta z+\Delta p/(\rho g)$ 为固定值，$\Delta u^2/(2g)$ 由选择管段截面而定，管路系统压头损失为

$$\sum H_f=\frac{8}{\pi^2 g}\left(\lambda\frac{l+\sum l_e}{d^5}+\frac{\sum\zeta}{d^4}\right)q_v^2 \tag{5-20}$$

式中　q_v——管路中液体流量，m^3/s；

　d——管子内径，m；

　$l+\sum l_e$——管路中的直管长度与局部阻力的当量长度之和，m；

ζ——局部阻力系数；

λ——摩擦系数。

对于一定的管路系统，d、l、l_e 及 ζ 均为定值。λ 是 Re 的函数，当 Re 较大时，λ 随 Re 的变化很小，可视为常数，其值由管路的相对粗糙度查表获得。

实验步骤由学生自行设计完成。

5.3.4　实验装置

离心泵特性曲线测定流程如图 5-4 所示。

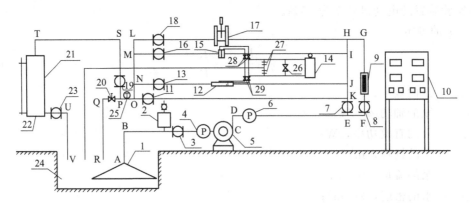

图 5-4　离心泵特性曲线测定流程图

1—底阀；2—自动引水器；3,7,8,11,13,16,18,19,20,23—调节阀；4—真空表；5—离心泵；6—压力表；
9—转子流量计；10—控制柜；12—文丘里；14—压差变送器；15—孔板流量计；17—涡轮流量计；
21—计量槽；22—液位计；24—水槽；25—温度计；26—压差传感器平衡阀；
27—排气阀；28—孔板控制阀；29—文丘里控制阀

① 本实验共有四套装置。

② 流量测量：用转子流量计或标准涡轮流量计测量。

③ 泵的进出口压强测定：用真空表和压力表测量。

④ 电动机输入功率：用功率表测量。

⑤ 温度：用温度表测定。

5.3.5　操作方法

① 根据实验选择管路流程 A-B-C-D-E-F-G-H-K-O-P-Q-R，关闭其他管路阀门。

② 开启所选择管路流程中的所有阀门后，关闭流量调节阀 20、8。

③ 开启离心泵电源按钮。

④ 在变频器上设定离心泵转速后按 RUN 键启动离心泵。

⑤ 缓慢开启阀门 8 直至全开，然后开启流量调节阀 20，反复开关流量调节阀 20 排气直到转子流量计看不到有气泡。

⑥ 实验顺序从大到小，即将调节阀门 20 开至流量计读数最大时，作为第一组实验数据，共采集 16 组数据；前 7 组数据按流量显示仪读数每下降约 $0.5\,\mathrm{m^3/h}$ 布一个实验点，以后实验数据布点约降 $1\,\mathrm{m^3/h}$。

⑦ 记录各流量下的压力表、真空表及功率表读数。

⑧ 改变转速，记录不同转速下各流量下的压力表、真空表及功率表读数。

⑨ 实验结束后，关闭电源。

5.3.6　注意事项

① 启动离心泵之前，必须检查所有流量调节阀是否关闭。

② 自动引水器顶部阀门不得打开。

5.3.7　报告内容

① 将实验数据和计算结果列在数据处理表中，见表5-8。

表 5-8　实验数据和计算结果处理表　　　　　$n=$ ＿＿＿＿＿ r/min

数据序号	流量 q_v /(m³/h)	功率表读数 /W	压力表读数 /MPa	真空表读数 /MPa	扬程 H /m	轴功率 P /W	效率 η /%
1							
2							
3							
4							
5							
6							
7							
8							
9							
10							
11							
12							
13							
14							
15							
16							

② 计算举例：以表5-8中一组数据进行计算举例。

③ 在合适的坐标系上标绘离心泵的特性曲线和管路特性曲线，并确定相应条件下的泵工作点，在图上标出离心泵的各种性能（泵的型号、转速）。

实验学生姓名：＿＿＿＿＿＿＿＿　　实验设备号：＿＿＿＿＿＿＿＿＿

实验教师签字：＿＿＿＿＿＿＿＿　　实验日期：＿＿＿年＿＿月＿＿日

5.3.8　思考讨论题

① 试分析实验数据，随着泵出口流量调节阀开度的增大，泵入口真空表读数是减小还是增大，泵出口压力表读数是减小还是增大。为什么？

② 本实验中，为了得到较好的实验结果，实验流量范围下限应尽量小，上限应尽量的大。为什么？

③ 离心泵的流量为什么可以通过出口阀来调节？往复泵的流量是否也可采用同样的方法来调节。为什么？

5.3.9　设备主要参数

设备主要参数如表 5-9 所示。

表 5-9　设备主要参数表

项目 \ 设备号	1、2、3、4
两取压口垂直高度差/mm	200
离心泵入口管径/mm	40
离心泵出口管径/mm	40
离心泵型号	ISW40-125（Ⅰ）
离心泵转速/(r/min)	2900
功率/W	1500
电动机效率/%	85
扬程/m	20
流量/(m³/h)	16

5.4　板框过滤常数的测定

5.4.1　实验目的

① 熟悉板框压滤机的构造和正确操作板框压滤机。
② 通过恒压过滤实验，验证过滤基本理论。
③ 利用 Microsoft Excel，采用多项式回归的方法求过滤常数 K、q_e 及压缩性指数 s。
④ 了解过滤压力对过滤速率的影响。

5.4.2　实验内容

① 掌握恒压过滤常数 K 和单位过滤面积当量滤液量 q_e 的测定方法，加深对 K、q_e 的概念及影响因素的理解。
② 测定恒压过滤的过滤常数 K、q_e 及压缩性指数 s。

5.4.3　实验原理

过滤是分离液-固或者气-固非均相混合物的常用方法。利用过滤介质，使只能通过液体或者气体而不让固体颗粒通过，从而完成液-固相或者气-固相混合物的分离。当过滤分离悬浮液时，将待分离的悬浮液称为滤浆，透过过滤介质得到的清液称为滤液，截留在过滤介质上的颗粒层称为滤饼。过滤的推动力有重力、压力（或真空）、离心力。

过滤过程所用的基本构件为过滤介质，它是用来截留非均相混合物中的固体颗粒的多孔性物质，常用的有织物介质（如滤布）、多孔固体介质（素烧陶瓷、烧结金属等）、堆积介质（木炭、石棉粉等）、多孔膜（由高分子材料制成）等。常见的典型过滤设备有板框压滤机、加压叶滤机、转筒真空过滤机等，新型的过滤设备有板式密闭过滤机、卧式密闭过滤机、排渣过滤机、袋式过滤机和水平纸板精滤机等。

过滤机理可以分为两大类：滤饼过滤和深层过滤。滤饼过滤时，固体颗粒在过滤介质的表面积累，在很短的时间内发生架桥现象，不断沉积的滤饼层也起到过滤介质的作用，颗粒在滤层表面被拦截下来。而在深层过滤中，固体粒子在过滤介质的孔隙内被截留，分离过程发生在过滤介质的内部。在实际过滤中，这两种机理可能同时或者前后发生。

本实验采用以压力为推动力的板框压滤机。过滤操作本质上是流体通过固体颗粒层的流动，而这个固体颗粒层（滤渣层）的厚度随着过滤的进行而不断增加，故在恒压过滤操作中，过滤速度不断降低。

5.4.4　过滤基本方程式

过滤基本方程式表达了在过滤过程中任一瞬时的过滤速度与过滤推动力、过滤时间、滤液量、液体的黏度、滤饼阻力和过滤介质阻力等之间的关系。

在压差不变的情况下，单位时间通过过滤介质的液体量也在不断下降，即过滤速度不断降低。

可以预测，在恒定压差下，过滤速度 $\dfrac{dq}{d\tau}$ 与过滤时间 τ 之间有如图 5-5 所示关系。

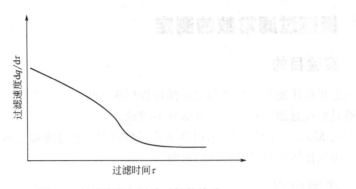

图 5-5　过滤速度与过滤时间的关系

单位面积的累积滤液量与时间的关系如图 5-6 所示。

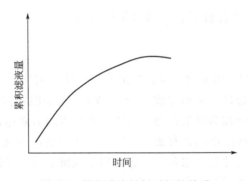

图 5-6　累积滤液量与时间的关系

　　过滤速度 u 定义为单位时间单位过滤面积内通过过滤介质的滤液量。影响过滤速度的主要因素除过滤推动力（压强差）Δp、滤饼厚度 L 外，还有滤饼和悬浮液（含有固体粒子的流体）性质、悬浮体温度、过滤介质的阻力等，故难以用严格的流体力学方法处理。

　　比较过滤过程与流体经过固体床的流动可知：过滤速度，即为流体经过固定床的表观速度 u。同时，液体在细小颗粒构成的滤饼空隙中的流动属于低雷诺范围。过滤时，滤液流过滤渣和过滤介质的流动过程基本上处在层流流动范围内，因此，可利用流体通过固定床压降的简化模型，寻求滤液量与时间的关系，可得过滤速度计算式：

$$u=\frac{\mathrm{d}V}{A\,\mathrm{d}\tau}=\frac{\mathrm{d}q}{\mathrm{d}\tau}=\frac{A\,\Delta p}{\mu r\phi(V+V_e)}=\frac{A\,\Delta p}{\mu r'\phi'(V+V_e)} \tag{5-21}$$

其中：　　　　$r=r_{\circ}\Delta p^{s}$，及 $r'=r_{\circ}'\Delta p^{s}$

　　　或：

$$u=\frac{\mathrm{d}V}{A\,\mathrm{d}\tau}=\frac{\mathrm{d}q}{\mathrm{d}\tau}=\frac{A\,\Delta p^{(1-s)}}{\mu r C(V+V_e)}=\frac{A\,\Delta p^{(1-s)}}{\mu r' C'(V+V_e)} \tag{5-22}$$

式中　u——过滤速度，m/s；

　　　V——通过过滤介质的滤液量，m^3；

　　　V_e——过滤介质的当量滤液体积，m^3；

　　　A——过滤面积，m^2；

　　　τ——过滤时间，s；

q——通过单位面积过滤介质的滤液量，m^3/m^2；

Δp——过滤压力（表压），Pa；

s——滤渣压缩性指数；

μ——滤液的黏度，Pa·s；

C——单位滤液体积的滤渣体积，m^3/m^3；

C'——单位滤液体积的滤渣质量，kg/m^3；

r——滤渣比阻，$1/m^2$；

r'——滤渣质量比阻，m/kg。

对于一定的悬浮液（可压缩），在恒温和恒压下过滤时，μ、r、C 和 Δp 都恒定，为此令

$$K=\frac{2\Delta p}{\mu rC} \text{ 或 } K=\frac{2\Delta p^{(1-s)}}{\mu rC}$$

令
$$k=\frac{1}{\mu rC}=常数 \quad 即 K=2k\Delta p^{(1-s)} \tag{5-23}$$

于是式(5-22)可改写为

$$\frac{dV}{d\tau}=\frac{KA^2}{2(V+V_e)} \tag{5-24}$$

式中　K——过滤常数，由物料特性及过滤压差所决定，m^2/s。

将式(5-24)分离变量积分，整理得

$$\int_{V_e}^{V+V_e}(V+V_e)d(V+V_e)=\frac{1}{2}KA^2\int_0^\tau d\tau \tag{5-25}$$

即
$$V^2+2VV_e=KA^2\tau \tag{5-26}$$

将式(5-25)的积分极限改为从 0 到 V_e 和从 0 到 τ_e 积分，则：

$$V_e^2=KA^2\tau_e \tag{5-27}$$

将式(5-26)和式(5-27)相加，可得

$$(V+V_e)^2=KA^2(\tau+\tau_e) \tag{5-28}$$

或
$$(q+q_e)^2=K(\tau+\tau_e) \tag{5-29}$$

式中　q——单位过滤面积的滤液体积，m^3/m^2；

q_e——单位过滤面积的虚拟滤液体积，m^3/m^2；

τ_e——虚拟过滤时间，s；

K——滤饼常数，由物理特性及过滤压差所决定，m^2/s。

K、q_e、τ_e三者总称为过滤常数。再将式(5-28)微分，得

$$2(V+V_e)dV=KA^2d\tau \tag{5-30}$$

用差分代替，则成为

$$\frac{\Delta\tau}{\Delta q}=\frac{2}{K}\bar{q}+\frac{2}{K}q_e \tag{5-31}$$

式中　Δq——每次测定的单位过滤面积的滤液体积（在实验中一般等量分配），m^3/m^2；

$\Delta\tau$——每次测定的滤液体积 Δq 所对应的时间，s；

$\overline{q}$——相邻两个 q 值的平均值，m^3/m^2。

式（5-31）为一直线方程，因此实验时，只要维持操作压强恒定，计取不同过滤时间 $\Delta\tau$ 内所得滤液量 Δq 的数据，在直角坐标系中绘制 $\dfrac{\Delta\tau}{\Delta q}$-$\overline{q}$ 的函数关系，得一直线：

斜率 S：
$$S=\frac{2}{K}$$

截距 I：
$$I=\frac{2}{K}q_e$$

则
$$K=\frac{1}{S} \tag{5-32}$$

$$q_e=\frac{KI}{2}=\frac{I}{S} \tag{5-33}$$

$$\tau_e=\frac{q_e^2}{K}=\frac{I^2}{KS^2} \tag{5-34}$$

为求可压缩性指数 s，需先在若干不同的压强差下对一定物料进行试验，求得若干过滤压差 Δp_i 下的 K_i 值，然后对 K-Δp 数据进行处理。即改变过滤压差 Δp，可测得不同的 K 值，由 K 的定义式（5-23）两边取对数得

$$K=2k\Delta p^{(1-s)} \qquad \lg K=(1-s)\lg\Delta p+B \tag{5-35}$$

在实验压差范围内，如果 B 为常数，则 $\lg K$-$\lg(\Delta p)$ 的关系在直角坐标上应是一条直线，斜率为 $(1-s)$，可得到滤饼的可压缩性指数 s。

5.4.5 过滤实验装置与流程图

过滤实验装置由空压机、配料槽、压力料槽、板框压滤机等构成。恒压过滤流程如图 5-7、图 5-8 所示。

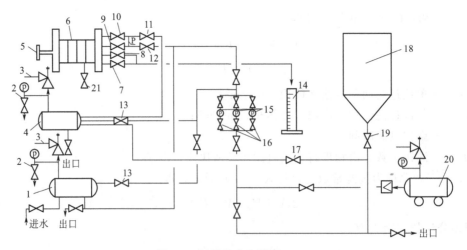

图 5-7　恒压过滤流程图（一）

1—清洗罐；2—排气阀；3—安全阀；4—压力料槽；5—手柄；6—板框压滤机；7—清液出口阀；8—清洗液进口阀；
9—气路阀；10—进料阀；11—压力阀；12—切换阀；13—止回阀；14—量筒；15—微调阀；16—气阀；
17—配料槽出口阀；18—配料槽；19—配料槽进气阀；20—空压机；21—滤-洗切换阀

图 5-8　恒压过滤流程图（二）

在配料槽内配制一定浓度的 $CaCO_3$ 悬浮液后，用压缩空气加以搅拌，形成均一的 $CaCO_3$ 悬浮液，利用位置的落差送入压力料槽中，同样用另一管路用压缩空气加以搅拌，使 $CaCO_3$ 悬浮液不致沉降，再用压缩空气的压力，调到指定压力将滤浆送入板框压滤机过滤，滤液流入量筒计量，压缩空气从压力料槽上的排空管中排出。

板框压滤机的结构尺寸：框厚度 20mm，每个框过滤面积 $0.018m^2$，框数 2 个，滤布 4 块。

空气压缩机规格型号：风量 $0.06m^3/min$，最大气压 0.8MPa（表压）。

耗材：碳酸钙，台秤，滤布，塑料管及管卡，塑料桶，不锈钢盆，1000mL 量筒，秒表。

5.4.6　实验操作

5.4.6.1　实验准备

① 检查各个管路的连接，阀门的开关的实验状态。空压机通电，加压到 0.8MPa。

② 配料：在配料槽内配制含 $CaCO_3$ 10％～30％（质量分数）（加 $CaCO_3$ 3kg，固体 $CaCO_3$ 的密度为 $2930kg/m^3$）的溶液，水 30L（实验前已经备好）。依次打开空气的总阀、配料槽的出口阀，调节配料槽的进气阀，用压缩空气搅拌，搅拌至呈悬乳液。搅拌后，关闭配料槽的进气阀。

③ 板框的安装：正确装好滤板、滤框及滤布，这非常重要。可查看各孔道是否对应于料液进出管路。滤布使用前用水浸湿，滤布紧贴滤板，滤布要绷紧，不能起皱，过滤板与框之间的密封垫（硅胶片）应注意放正，过滤板与框的滤液进出口对齐。慢慢转动手轮使板框合上，用摇柄把过滤设备压紧，以免漏液。螺旋杆压紧时，千万不要把手指压伤。把过滤和洗涤切换阀门调好。

④ 灌料：在压力料槽排气阀打开的情况下，打开进料阀门，使料浆受自身重力自动由配料桶流入压力料槽至其视窗 $\frac{1}{2}$～$\frac{2}{3}$ 处，关闭进料阀门。

⑤ 压力料槽的搅拌：通压缩空气至压力料槽，打开压力料槽气路总阀、一条支路气阀（如：0.1MPa 压力支路气阀），使容器内料浆不断搅拌。压力料槽的排气阀应不断排气，但

又不能喷浆。搅拌 2~4min。

⑥ 板框的进口压力的调节：调节其中一条支路气体压力调节阀到需要的值。一旦调定压力，进气阀不要再动。压力细调可通过调节压力槽上的排气阀完成。每次实验，应有专人调节压力并保持恒压。最大压力不要超过 0.3MPa，要考虑各个压力值的分布，实验压力值差应大于 0.05MPa，从低压过滤开始做实验较好。

5.4.6.2 过滤过程

① 鼓泡：通压缩空气至压力罐，使容器内料浆不断搅拌。压力料槽的排气阀不断排气，且不能喷浆。

② 过滤：将中间双面板下通孔切换阀开到通孔通路状态。打开进板框前料液进口的两个阀门，打开出板框后清液出口球阀。此时，压力表指示过滤压力，清液出口流出滤液。

③ 过滤时间 $\Delta\tau$ 的记录：先打开进口压力调节阀，待压力稳定后，再打开浆料过滤出口阀、进口阀。记录时间应将滤液从汇集管刚流出的时候作为开始时刻，每次 ΔV 取 800mL（对于电子天平是约 800g）左右。记录相应的过滤时间 $\Delta\tau$。

④ 过滤体积 ΔV 的记录：手动操作时，要熟练双秒表轮流读数的方法。量筒交换接滤液时尽量不要流失滤液。等量筒内滤液静止后读出 ΔV 值。（注意：ΔV 约 800mL 时替换量筒，这时量筒内滤液量并非正好 800mL。要事先熟悉量筒刻度，不要打碎量筒！）对于数字型，由于透过液已基本澄清，故可视作密度等同于水，则可通过带通信的电子天平读取对应计算机计时器下的瞬时重量的方法来确定过滤速度。

每次滤液及滤饼均收集在小桶内，滤饼弄细后重新倒入料浆桶内。实验要求做 0.1MPa、0.2MPa、0.3MPa 压力下的三组实验。每个压力下测量 8~10 个读数即可，记录原始实验数据。

⑤ 结束过滤：一组过滤实验数据记录结束后，关闭该条支路气阀，缓慢打开压力料槽排气阀，待板框进口压力为 0 时，关闭板框过滤进口阀、出口阀。松开手轮，把滤框、滤板、滤布在配料槽内洗涤，滤布不要折，应当用刷子刷洗。待下组实验用。

每次滤液及滤饼均收集在小桶内，滤饼弄细后重新倒入料浆桶内搅拌配料，进入下一个压力实验。注意，若清水罐水不足，可补充一定水源，补水时仍应打开该罐的泄压阀。

5.4.7 实验原始数据记录

实验原始数据记录见表 5-10~表 5-12。

表 5-10 实验原始数据记录表

$\Delta p_1 =$ 　　　　MPa　　　　　$A =$ 　　　　m^2

序号	τ/s	$\Delta\tau/s$	$\Delta V/mL$
1			
2			
3			
4			
5			
6			
7			
8			

表 5-11　实验原始数据记录表

$\Delta p_2 =$　　　　　MPa　　　　　　　　$A =$　　　　　m^2

序号	τ / s	$\Delta\tau / s$	$\Delta V / mL$
1			
2			
3			
4			
5			
6			
7			
8			

表 5-12　实验原始数据记录表

$\Delta p_3 =$　　　　　MPa　　　　　　　　$A =$　　　　　m^2

序号	τ / s	$\Delta\tau / s$	$\Delta V / mL$
1			
2			
3			
4			
5			
6			
7			
8			

实验学生姓名：_____　　　实验教师签字：_____

实验设备号：_____　　　实验日期：_____年___月___日

5.4.8　实验报告内容

① 由恒压过滤原始实验数据，利用 Microsoft Excel，采用多项式回归的方法，用 $\dfrac{\Delta\tau}{\Delta q}$-$\bar q$ 在直角坐标上绘图求过滤常数 K、q_e，图表进行输出打印，并要求以任何一组原始数据为例写出整个计算的演算过程。3 种不同过滤压力就要写 3 次演算过程。

② 用 3 种不同过滤压力 Δp 求出 3 个对应的 K 值。在双对数坐标纸上用 $\lg\Delta p$-$\lg K$ 作图，求出可压缩性指数 s。

③ 实验结果分析与讨论。无论实验的结果如何，都要做出分析，并进行讨论。

5.4.9　装置使用的注意事项

① 开关空压机、气路的阀门时，一定要细心、缓慢。防止急开，以免发生意外。

② 安装滤布时，一定不要折滤布，滤布与滤板要湿润，用手轻轻拍打滤布，使滤布自然紧贴滤板，不能有气泡。

③ 整个操作要按顺序来，做到准确、细心，防止急躁。

④ 记录量筒的体积的动作要准确而且快，注意不要打碎玻璃量筒。记录时间时，秒表的操作要多练习。

5.4.10 思考题

① 滤饼过滤中，过滤介质常用多孔织物，其网孔尺寸_____悬浮物中被截留的颗粒直径。

A. 一定小于　　　　　　　B. 一定大于　　　　　　　C. 不一定小于

② 过滤开始时，被截留的悬浮物的颗粒_____过滤介质。

A. 全部通过　　　　　B. 部分通过　　　　　C. 不能通过　　　　D. 部分不能通过

③ 当操作压力增大一倍，K 的值_____。

A. 增大一倍　　　　　B. 减小一半　　　　　C. 增大幅度小于一倍

D. 减小幅度小于一半　　　E. 无法确定

④ 恒压过滤时，欲增加过滤速度，可采取的措施有_____。

A. 添加助滤剂　　　　　　　　　　　　B. 控制过滤温度

C. 选择合适的过滤介质　　　　　　　　D. 控制滤饼厚度

⑤ 深层过滤中，固体颗粒尺寸_____介质空隙。

A. 大于　　　　　　　B. 小于　　　　　　　C. 等于　　　　　　D. 无法确定

⑥ 不可压缩滤饼是指_____。

A. 滤饼中含有细微颗粒，黏度很大　　　　　B. 滤饼空隙率很小，无法压缩

C. 滤饼的空隙结构不会因操作压差的增大而变形　　　D. 组成滤饼的颗粒不可压缩

⑦ 助滤剂是_____。

A. 坚硬而形状不规则的小颗粒　　　　　　B. 软而形状不规则的小颗粒

C. 坚硬的球形颗粒　　　　　　　　　　　D. 松软的球形颗粒

5.5 传热综合实验

5.5.1 实验目的

① 通过管间水蒸气对管内空气的普通套管换热器换热的实验研究，掌握管内对流传热系数 α_i 测定的实验数据处理的线性回归分析方法，确定关联式 $Nu = ARe^m Pr^{0.4}$ 中常数 A、m 的值。

② 通过套管内插有螺旋线圈的强化的水蒸气对空气换热的实验研究，测定相应数据和确定 Nu' 的值；并求出强化比 Nu'/Nu。

5.5.2 实验内容与要求

实验内容与要求见表 5-13。

表 5-13　实验内容与要求

序号	实验 1	实验 2
实验内容 与要求	① 测定 6 个不同流速下普通套管换热器的对流传热系数 α_i。 ② 对 α_i 的实验数据用绘图法进行线性回归，求关联式 $Nu = ARe^m Pr^{0.4}$ 中常数 A、m 的值	① 测定 6 个不同流速下强化套管换热器的对流传热系数 α_i（每个流量与实验 1 中尽量相同）。 ②在双对数坐标上作普通套管 $Nu\text{-}Re$ 图和强化套管的 $Nu'\text{-}Re'$ 图。 ③ 在图上读出 6 个 Re 下的比值 Nu'_i/Nu_i，求出平均强化比 Nu'/Nu

5.5.3 实验原理

5.5.3.1 对流传热系数 α_i 的测定

对流传热系数 α_i 可以根据牛顿冷却定律，用实验来测定

$$\alpha_i = \frac{Q_i}{\Delta t_{mi} \times S_i} \tag{5-36}$$

式中　α_i——管内流体对流传热系数，$W/(m^2 \cdot ℃)$；

Q_i——管内传热速率，W；

S_i——管内换热面积，m^2；

Δt_{mi}——内壁面与流体间的温差，$℃$。

Δt_{mi} 由下式确定：

$$\Delta t_{mi} = t_w - \frac{t_{i1} + t_{i2}}{2} \tag{5-37}$$

式中　t_{i1}，t_{i2}——冷流体的入口温度、出口温度，$℃$；

t_w——沿管长 L 的内壁面平均温度，$℃$。

因为换热器内管为紫铜管，其热导率很大，且管壁很薄，故近似认为内壁面的平均温度 t_w 等于外壁面平均温度 T_w。所以，实验中内壁面平均温度 t_w 取外壁所测的平均温度 T_w 的值。

管内换热面积：

$$S_i = \pi d_i L_i \tag{5-38}$$

式中　d_i——内管管内径，0.02m；

　　　L_i——传热管测量段的实际长度，1m。

由热量衡算式

$$Q_i = q_{mi} c_{pi}(t_{i2} - t_{i1}) \tag{5-39}$$

其中质量流量 q_{mi} 由下式求得

$$q_{mi} = \frac{V_{mi}\rho_{mi}}{3600} \tag{5-40}$$

式(5-39) 和 (5-40) 中　V_{mi}——冷流体在套管内的平均体积流量，m^3/h；

　　　　　　　　　　　c_{pi}——管内冷流体的定压比热容，kJ/(kg·℃)；

　　　　　　　　　　　ρ_{mi}——管内冷流体的密度，kg/m^3。

V_{mi} 可由下式换算而得

$$V_{mi} = V_{t_1}\frac{(t_{mi}+273)}{(t_{i1}+273)} \tag{5-41}$$

式中，V_{t_1} 为流量计所在的温度（t_{i1}）下测得的空气流量，而 $t_{mi} = \frac{t_{i1}+t_{i2}}{2}$，为管内流体的进、出口平均温度，也是管内流体的定性温度。

因此，实验中只要测量 t_{i1}、t_{i2}、t_w、V_{t_1} 的值，再算出 t_{mi} 值，而用 t_{mi} 查得 ρ_{mi} 和 c_{pi} 后，便可用相应的各值代入式(5-39)～式(5-41) 求出 Q_i；代入式(5-37) 求出 Δt_{mi}；再结合式(5-38) 求出的 S_i，最后代入式(5-36) 中求得 α_i 值。实验中每调节一个 V_{t_1} 值，可求出对应的一个 α_i 值。

5.5.3.2　圆形直管内对流传热系数关联式中比例系数和指数的回归求取

影响 α 的因素很多，实验证明，对于湍流传热，影响 α 的主要物理量是

$$\alpha = f(l, u, \rho, \mu, \lambda, c_p) \tag{5-42}$$

采用量纲分析法将式(5-42) 中各变量组成无量纲数群间的关系，可使实验时的变量减少，从而减少实验次数。量纲分析法对式(5-42) 可组成以下的无量纲数群关系

$$\frac{\alpha l}{\lambda} = f\left(\frac{ud\rho}{\mu}, \frac{c_p\mu}{\lambda}\right) \tag{5-43}$$

或改写为

$$Nu = ARe^a Pr^b \tag{5-44}$$

在圆形管内传热时，式(5-38) 中取 d_i 为定性长度 l，则努塞尔数 $Nu = \frac{\alpha_i d_i}{\lambda_{mi}}$；雷诺数 $Re = \frac{d_i u_{mi}\rho_{mi}}{\mu_{mi}}$；$Pr = \frac{c_{pi}\mu_{mi}}{\lambda_{mi}}$。其中 μ_{mi} 和 λ_{mi} 分别为管内流体的黏度（Pa·s）和热导率[W/(m·℃)]，它们和上述 c_{pi} 和 ρ_{mi} 一样，均为管内流体定性温度下的物理量。当查表求取而表中温度与 t_{mi} 不符时，用内插法从表中查取。而 Re 中的 $u_{mi} = \frac{V_{mi}}{0.785d_i}$，其中 V_{mi} 已由式(5-41) 求得。

经过计算可知，对于管内被加热的空气，普兰特数 Pr_i 变化不大，可以认为是常数，则关联式的形式简化为

$$Nu = ARe^a Pr^{0.4} \tag{5-45}$$

这样通过实验确定不同流量下的 Re 与 Nu，然后用线性回归方法确定 A 和 a 的值。

5.5.3.3 强化套管换热器传热系数、特征数关联式及强化比的测定

强化传热能减小初设计的传热面积，以减小换热器的体积和重量；提高现有换热器的换热能力；使换热器能在较低温差下工作。本实验装置是采用在换热器内管插入螺旋线圈的方法来强化传热的，并与普通裸管内管的传热效果进行比较。

螺旋线圈的结构图如图 5-9 所示，螺旋线圈由直径 1mm 的钢丝按 40mm 节距绕成。将金属螺旋线圈插入并固定在管内，即可构成一种强化传热管。在近壁区域，流体一面由于螺旋线圈的作用而发生旋转，一面还周期性地受到线圈的螺旋金属丝的扰动，因而可以使传热强化。由于绕制线圈的金属丝直径很小，流体主要呈旋流，节流强度较弱，所以阻力增加不大。螺旋线圈以线圈节距 H 与管内径 d 的比值以及管壁粗糙度为主要技术参数，且长径比是影响传热效果和阻力系数的重要因素。

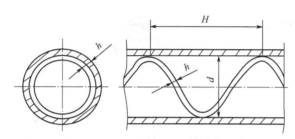

图 5-9 螺旋线圈强化管内部结构

在本实验中，采用与上述相同的方法确定不同流量下强化套管换热器的 Re' 与 Nu' 值（流量从大至小做 6 个点）。在双对数坐标上，绘出普通套管换热器 Re-Nu 关系直线，以及强化套管换热器的 Re' 与 Nu' 关系线。并在同一图上，读出 6 个 Re 下强化管的强化比 Nu'/Nu，并将 6 个强化比取平均值。

5.5.4 实验装置

空气-水蒸气传热综合实验装置流程如图 5-10 所示。

实验主要的测量仪表和主要设备：

（1）空气流量的测量

采用涡轮流量计直接读取流量。

（2）温度的测量

实验采用 Cu50 铜电阻测得，由多路巡检表以数值形式依次显示光滑管进口温度、光滑管出口温度、强化管进口温度、强化管出口温度和管壁温度。

（3）电加热釜

电加热釜是产生水蒸气的装置，使用体积为 7L（加水至液位计的上端红线），内装有一支 2.5kW 的螺旋形电热器，当水温为 30℃时，用 200V 电压加热，约 25min 后水便沸腾，为了安全和长久使用，建议最高加热（使用）电压不超过 200V（由固态调压器调节）。

5.5.5 操作方法

① 实验前的准备工作：向电加热釜加水至液位计上端红线处，检查空气流量旁路调节阀 5 是否全开。

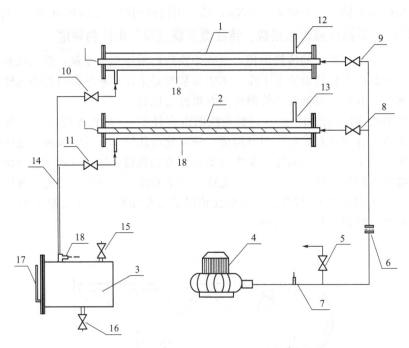

图 5-10　空气-水蒸气传热综合实验装置流程图

1—普通套管换热器；2—内插有螺旋线圈的强化套管换热器；3—蒸汽发生器；4—旋涡气泵；5—旁路调节阀；
6—涡轮流量计；7—风机出口温度（冷流体入口温度）测试点；8,9—空气支路控制阀；10,11—蒸汽支路控制阀；
12,13—蒸汽放空口；14—蒸汽上升主管路；15—加水口；16—放水口；17—液位计；18—冷凝液回流口

② 接通电源总闸，打开加热电源开关，设定加热电压，开始加热。

③ 关闭通向强化套管的阀门 11，打开通向简单套管的阀门 10，当简单套管换热器的放空口 12 有水蒸气冒出时，可启动风机，此时要关闭阀门 8，打开阀门 9。在整个实验过程中始终保持换热器出口处有水蒸气冒出。

④ 启动风机后用阀门 5 来调节流量，调好某一流量稳定 5～10min 后，分别测量空气的流量，空气进、出口的温度及壁面温度。然后，改变流量测量下组数据。一般从小流量到最大流量之间，测量不少于 6 组数据。

⑤ 测完简单套管换热器的数据后，要进行强化管换热器实验。先打开蒸汽支路控制阀 11，全部打开空气旁路调节阀 5，关闭蒸汽支路控制阀 10，关闭空气支路控制阀 9，打开空气支路控制阀 8，进行强化管传热实验。实验方法同步骤④。

⑥ 实验结束后，依次关闭加热电源、风机和总电源。一切复原。

5.5.6　注意事项

① 检查蒸汽加热釜中的水位是否在正常范围内。特别是每个实验结束后，进行下一实验之前，如果发现水位过低，应及时补给水量。

② 必须保证蒸汽上升管线的畅通。即在给蒸汽加热釜电压之前，两蒸汽支路阀门之一必须全开。在转换支路时，应先开启需要的支路阀，再关闭另一侧，且开启和关闭阀门必须缓慢，防止管线截断或蒸汽压力过大而从进水管处喷出。

③ 必须保证空气管线的畅通。即在接通风机电源之前，两个空气支路控制阀之一和旁路调节阀必须全开。在转换支路时，应先关闭风机电源，然后开启和关闭支路阀。

④ 调节流量后，应至少稳定 5～10min 后读取实验数据。

⑤ 实验中保持上升蒸汽量的稳定，不应改变加热电压，且保证蒸汽放空口一直有蒸汽放出。

5.5.7 实验数据表

实验数据表如表 5-14、表 5-15 所示。

表 5-14 简单套管换热器原始数据记录表

设备装置号： 　　传热管内径： 　　　　传热管有效长度：　　　　　 冷流体： 　　　　热流体：						
序　号	1	2	3	4	5	6
空气流量读数 $V_{t1}/(\mathrm{m^3/h})$						
空气入口温度 $t_{i1}/℃$						
空气出口温度 $t_{i2}/℃$						
壁温 $t_w/℃$						
平均温差 $\Delta t_{mi}=t_w-\dfrac{t_{i1}+t_{i2}}{2}/℃$						
空气平均温度 $t_{mi}=\dfrac{t_{i1}+t_{i2}}{2}/℃$						
空气在入口处流量 $V_{t1}/(\mathrm{m^3/h})$						
空气平均流量 $V_{tm}=V_{t1}\dfrac{T_{mi}}{T_{i1}}/(\mathrm{m^3/h})$						
空气平均流速 $u_{tm}/(\mathrm{m/s})$						
空气在平均温度时的物性 $\rho_{tm}/(\mathrm{kg/m^3})$						
空气在平均温度时的物性 $\mu_{tm}/\mathrm{Pa\cdot s}$						
空气在平均温度时的物性 $\lambda_{tm}/[\mathrm{W/(m\cdot ℃)}]$						
空气在平均温度时的物性 $c_{p_i}/[\mathrm{kJ/(kg\cdot ℃)}]$						
空气得到的热量 Q/W						
空气侧对流传热系数 $\alpha_i/[\mathrm{W/(m^2\cdot ℃)}]$						
Re						
Nu						
$Nu/(Pr^{0.4})$						

表 5-15 强化套管换热器原始数据记录表

设备装置号： 　　传热管内径： 　　　　传热管有效长度：　　　　　 冷流体： 　　　　热流体：						
序　号	1	2	3	4	5	6
空气流量读数 $V_{t1}/(\mathrm{m^3/h})$						
空气入口温度 $t_{i1}/℃$						
空气出口温度 $t_{i2}/℃$						
壁温 $t_w/℃$						
管内平均温差 $\Delta t_{mi}=t_w-\dfrac{t_{i1}+t_{i2}}{2}/℃$						

续表

序　　号	1	2	3	4	5	6
空气平均温度 $t_{mi}=\dfrac{t_{i1}+t_{i2}}{2}$ /℃						
空气在入口处流量 V_{t1}/(m³/h)						
空气平均流量 $V_{tm}=V_{t1}\dfrac{T_{mi}}{T_{i1}}$/(m³/h)						
空气平均流速 u_{tm}/(m/s)						
空气在平均温度时的物性　ρ_{tm}/(kg/m³)						
μ_{tm}/Pa·s						
λ_{tm}/[W/(m·℃)]						
c_{p_i}/[kJ/(kg·℃)]						
空气得到的热量 Q/W						
空气侧对流传热系数 α_i/[W/(m²·℃)]						
Re						
Nu						
$Nu/(Pr^{0.4})$						
Nu'						
Nu'/Nu						
平均的 Nu'/Nu						

实验学生姓名：_____　　　实验教师签字：_____

实验设备号：_____　　　实验日期：_____年___月___日

5.5.8　报告内容

① 原始数据表、整理数据表、特征数关联式的双对数坐标回归图、结果，并以其中一组数据的计算举例。

② 在同一双对数坐标系中绘制光滑管和强化管的 Re-Nu 的关系图，并计算强化比。

③ 对实验结果进行分析与讨论。

双对数坐标表见表 5-16。

表 5-16　双对数坐标表

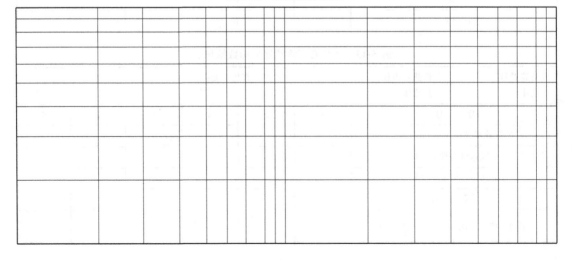

86

续表

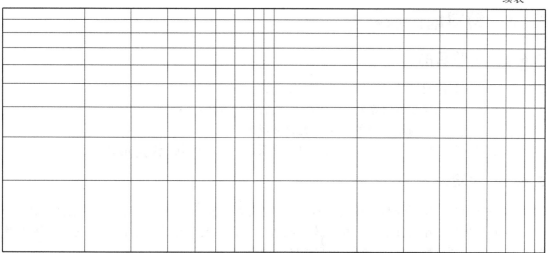

5.5.9 实验结果分析

① 由实验结果得出，随着冷流体流速的增加，管内对流传热系数 α_i _____。

② 特征数关联式 $Nu = 0.023Re^{0.8}Pr^{0.4}$ 使用时要求 Re _____。

③ 对于蒸汽-空气换热系统来说，总传热系数 K 接近 _____的对流传热系数。

④ 如果测量总传热系数 K，需要测量哪些量？

5.6 填料塔吸收实验

5.6.1 实验目的

① 了解填料吸收塔的基本流程和设备结构;

② 掌握气相总体积吸收系数 $K_Y a$ 及 H_{OG} 的测定方法;

③ 了解气体流速与压强降的关系,观察液泛现象;

④ 了解气相流量的改变对气相总体积吸收系数 $K_Y a$ 和回收率 η_A 的影响。

5.6.2 实验内容

① 测定填料层压强降与操作气速的关系,确定填料塔在某液体喷淋量下的液泛气速。

② 测定规定操作条件下的气相总体积吸收系数;以及气相流量的改变对气相总体积吸收系数 $K_Y a$、回收率 η_A、传质单元高度 H_{OG} 的影响。

5.6.3 实验原理

5.6.3.1 填料塔流体力学特性

填料塔流体力学特性包括压强降和液泛规律。计算填料塔的需用动力时,必须知道它的压强降大小。而确定吸收塔的气、液负荷时,则必须了解液泛的规律,所以测量流体力学性能是吸收实验的一项重要内容。

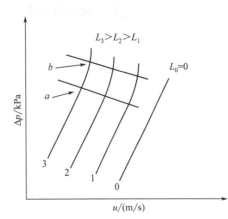

图 5-11 填料层的 Δp-u 关系

不同喷淋量下的填料层的压强降 Δp 与空塔气速 u 的关系如图 5-11 所示。

当无液体喷淋即喷淋量 $L_0 = 0$ 时,干填料的 Δp-u 的关系是直线,如图中的直线 0,其斜率为 1.8～2.0。当有一定的喷淋量时,气流在湿填料孔隙所受阻力增大而压强降则增大,且 Δp-u 的关系变成折线,并存在两个转折点,下转折点 a 称为"载点",上转折点 b 称为"泛点"。这两个转折点将 Δp-u 关系分为三个区段:恒持液量区、载液区与液泛区。液泛发生时(b 点以上),Δp 急剧增大,气流大量夹带走液体,甚至液体受阻而不能正常向下流动。

实验用空气和水进行。在各种喷淋量下,逐步增大气速,记录必要的数据直至刚出现液泛时止。但必须注意,不要使气速过大超过泛点,避免冲跑和冲破填料。

5.6.3.2 气相总体积吸收系数 $K_Y a$ 的测定

填料吸收塔吸收过程的影响因素复杂,对不同的物系和不同的填料,吸收系数各不相同,不可能有一个通用的计算公式。工程上常对现有同类型的生产设备或中间实验设备,在实验室中进行吸收系数的实验测定,作为放大设计之用,所以很有必要学习吸收系数的测试方法,并可巩固有关的知识内容。

本实验的传质部分是在装有 10mm×10mm 乱堆瓷拉西环填料的填料塔中用水吸收空气-氨混合气体中的氨。混合气体中氨的浓度很低,吸收过程可视为低浓度气体吸收,填料层高

度的计算公式为

$$Z = H_{OG} \times N_{OG} = \frac{G}{K_Y a \Omega} \times \frac{Y_1 - Y_2}{\Delta Y_m} \tag{5-46}$$

式中　Z——填料层高度，m；

H_{OG}——传质单元高度，m；

N_{OG}——传质单元数；

G——惰性气体流量（由空气转子流量计测量），kmol/h；

K_Y——气相总吸收系数，$kmol/(m^2 \cdot h)$；

a——单位体积填料层所提供的有效接触表面积，m^2/m^3；

Ω——填料塔横截面积，m^2；

Y_1——填料塔底气相浓度，kmol 氨/kmol 空气；

Y_2——填料塔顶气相浓度，kmol 氨/kmol 空气；

ΔY_m——以气相浓度差为推动力的平均推动力，kmol 氨/kmol 空气。

影响 a 值的因素有很多，要直接测出它很困难，实验研究中常把它与吸收系数一并测定。两者的乘积称为气相总体积吸收系数。则上式可以写为

$$Z = H_{OG} \times N_{OG} = \frac{G}{K_Y a \Omega} \times \frac{Y_1 - Y_2}{\Delta Y_m} \tag{5-47}$$

式中　$K_Y a$——气相总体积吸收系数，$kmol/(m^3 \cdot h)$。

$$K_Y a = \frac{G(Y_1 - Y_2)}{\Omega Z \Delta Y_m} \tag{5-48}$$

测定时，将等式右边各项测出，$K_Y a$ 即可求得。

其中

$$\Delta Y_m = \frac{(Y_1 - Y_1^*) - (Y_2 - Y_2^*)}{\ln \dfrac{Y_1 - Y_1^*}{Y_2 - Y_2^*}} \tag{5-49}$$

平衡线与操作线组合的 Y-X 图如图 5-12 所示。

Y^* 表示与液相浓度 X 平衡的气相浓度，下标 1、2 分别代表塔底和塔顶。

同时可以得出吸收的回收率

$$\eta_A = \frac{Y_1 - Y_2}{Y_1} \tag{5-50}$$

有关平衡数据通过查氨气的平衡溶解度图得到，NH_3-H_2O 系统平衡常数 (m)-温度 (t) 之间的关系如图 5-13 所示。

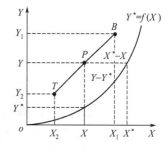

图 5-12　平衡线与操作线组合的 Y-X 图

5.6.4　实验装置

5.6.4.1　实验主要设备与仪器

填料吸收塔实验装置流程如图 5-14 所示。

5.6.4.2　设备参数

① 鼓风机：XGB 型旋涡气泵，最大压力 1176kPa，最大流量 75m^3/h。

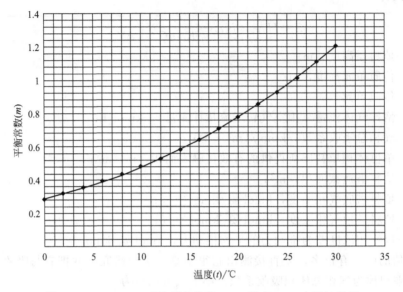

图 5-13　NH_3-H_2O 系统平衡常数（m）-温度（t）之间的关系

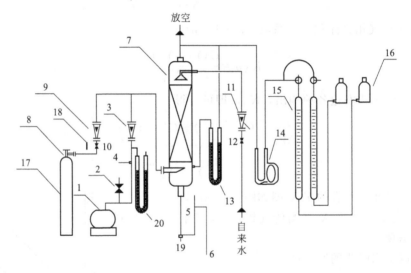

图 5-14　填料吸收塔实验装置流程图

1—鼓风机；2—空气流量调节阀；3—空气转子流量计；4—空气温度计；5—液封管；6—吸收液取样口；

7—填料吸收塔；8—氨瓶阀门；9—氨转子流量计；10—氨流量调节阀；11—水转子流量计；

12—水流量调节阀；13—U形管压差计；14—吸收瓶；15—量气管；16—水准瓶；17—氨气瓶；

18—氨气温度计；19—吸收液温度计；20—空气进入流量计处U形压差计

② 填料塔：玻璃，内装 $\phi 10\text{mm} \times 10\text{mm}$ 瓷拉西环，填料层高度 $Z = 0.58 \sim 0.6\text{m}$，填料塔内径 $D = 0.1\text{m}$。

5.6.4.3　流量测量

① 空气转子流量计：型号 LZB-25，流量范围 $2.5 \sim 25\text{m}^3/\text{h}$，精度 2.5 级。

② 水转子流量计：型号 LZB-6，流量范围 $6 \sim 60\text{L/h}$，精度 2.5 级。

③ 氨转子流量计：型号 LZB-6，流量范围 $0.06 \sim 0.6\text{m}^3/\text{h}$，精度 2.5 级。

5.6.4.4　浓度测量

浓度测量：塔底吸收液浓度分析可采用滴定分析。

塔顶尾气浓度分析采用吸收瓶、量气管、水准瓶测定。

5.6.4.5　温度测量

温度测量：Cu50 电阻，温度范围 0～150℃，精度等级 1.0 级。

实验流程示意图见图 5-14，空气由鼓风机 1 送入空气转子流量计 3 计量，空气通过流量计处的温度由温度计 4 测量，空气流量由调节阀 2 调节，氨气由氨瓶送出，经过氨瓶阀门 8 进入氨转子流量计 9 计量，氨气通过转子流量计处温度由实验时大气温度代替。其流量由阀 10 调节，然后进入空气管道与空气混合后进入吸收塔 7 的底部，水由自来水管经水转子流量计 11，水的流量由阀 12 调节，然后进入塔顶。分析塔顶尾气浓度时靠降低水准瓶 16 的位置，将塔顶尾气吸入吸收瓶 14 和量气管 15。在吸入塔顶尾气之前，预先在吸收瓶 14 内放入 5mL 已知浓度的硫酸作为吸收尾气中氨之用。

吸收液的取样可用塔底取样口 6 进行。填料层压降用 U 形管压差计 13 测定。

5.6.5　实验方法

5.6.5.1　测量干填料层 $(\Delta p/Z)$-u 关系曲线

先全开调节阀 2，后启动鼓风机，用阀 2 调节进塔的空气流量，按空气流量从小到大的顺序读取填料层压降 Δp、转子流量计读数和流量计处空气温度（取 10 组数据左右），然后在双对数坐标纸上以空塔气速 u 为横坐标，以单位高度的压降 $\Delta p/Z$ 为纵坐标，标绘干填料层 $(\Delta p/Z)$-u 关系曲线。

5.6.5.2　测量某喷淋量下填料层 $(\Delta p/Z)$-u 关系曲线

将水流量调节为 40L/h，调节空气流量，用上面相同方法读取填料层压降 Δp、转子流量计读数和流量计处空气温度并注意观察塔内的操作现象，看到液泛现象时记下对应的空气转子流量计读数。发生液泛后仍需缓慢增加气速，再测 2～3 组数据。在对数坐标纸上标出液体喷淋量为 40L/h 时 $(\Delta p/Z)$-u 关系曲线，从 $(\Delta p/Z)$-u 关系曲线上确定液泛气速，并与观察的液泛气速相比较。

5.6.5.3　传质性能测定

① 固定水流量为 30L/h，选择适宜的空气流量，根据空气流量和温度及压力，估算出进塔的氨气流量，以使混合气体中氨的浓度在 0.02（摩尔比）左右。

② 调节好空气流量和水流量后，打开氨气瓶总阀，用氨自动减压阀调节氨流量，使其达到需要值，在空气、氨气和水流量不变的条件下操作一定时间，待过程基本稳定后，记录各流量计读数和温度，记录塔底排出液的温度，并分析塔顶尾气及塔底吸收液的浓度。

③ 尾气分析方法。

a. 排出两个量气管内空气，使其中水面达到最上端的刻度线零点处，并关闭三通旋塞。

b. 用移液管向吸收瓶内装入 5mL 浓度为 0.005mol/L 左右的硫酸并加入 1～2 滴甲基橙指示液。

c. 将水准瓶移至下方的实验架上，缓慢地旋转三通旋塞，让塔顶尾气通过吸收瓶，旋塞的开度不宜过大，以能使吸收瓶内液体以适宜的速度不断循环流动为限。

从尾气开始通入吸收瓶起就必须始终观察瓶内液体的颜色，中和反应达到终点时立即关闭三通旋塞，在量气管内水面与水准瓶内水面齐平的条件下读取量气管内空气的体积。

若某量气管内已充满空气，但吸收瓶内未达到终点，可关闭对应的三通旋塞，读取该量气管内的空气体积，同时启用另一个量气管，继续让尾气通过吸收瓶。

d. 尾气浓度 Y_2 的计算方法参见式(5-54)。

④ 塔底吸收液的分析方法。

a. 用锥形瓶接取吸收液样品一瓶并加盖。

b. 用移液管取塔底溶液 10mL 置于另一个锥形瓶中，加入 2 滴指示剂（甲基橙）。

c. 将浓度较高的硫酸置于酸滴定管内，用以滴定锥形瓶中塔底溶液至终点。

d. X_1 的计算方法参见式(5-55)、式(5-56)。

e. 加大或减少空气流量，相应地改变氨流量，使混合气体中氨的浓度与第一次实验时相同，水流量与第一次实验也应相同，重复上述操作，测定有关数据。

5.6.5.4 实验完毕

实验完毕后，关闭旋涡气泵、真空泵、进水阀门等仪器设备的电源，并将所有仪器复原。

5.6.6 注意事项

① 开启氨瓶总阀前，要先关闭氨自动减压阀和氨流量调节阀。开启时开度不宜过大。

② 启动鼓风机前，务必先全开放空阀 2。

③ 做传质实验时，水流量不能超过规定范围，否则尾气的氨浓度极低，给尾气分析带来麻烦。

④ 两次传质实验所用的氨气浓度必须一样。

5.6.7 实验数据及处理方法

5.6.7.1 塔底进料气相浓度 Y_1 的测定

（1）空气流量

标准状态的空气流量 q_0 计算：

$$q_0 = q_1 \frac{T_0}{p_0} \sqrt{\frac{p_1 p_2}{T_1 T_2}} \tag{5-51}$$

式中　q_1——标定状态下的空气流量（即空气流量计读数值），m^3/h；

T_1，p_1——标定状态下空气的温度和压强，kPa；

T_0，p_0——标准状态下空气的温度和压强，kPa；

T_2，p_2——实际测定状态下空气的温度和压强，kPa。

（2）氨气流量

标准状态的氨气流量 q'_0 计算：

$$q'_0 = q'_1 \frac{T_0}{p_0} \sqrt{\frac{\rho_{01} p_1 p_2}{\rho_{02} T_1 T_2}} \tag{5-52}$$

式中　q'_1——氨气流量计示值，m^3/h；

ρ_{01}——标准状态下空气的密度，kg/m^3；

ρ_{02}——标准状态下氨气的密度，kg/m^3。

(3) 计算 Y_1

$$Y_1 = \frac{q'_0}{q_0} \tag{5-53}$$

5.6.7.2 塔顶进料气相浓度 Y_2 的测定

$$Y_2 = \frac{2M_{H_2SO_4}V_{H_2SO_4} \times 22.4}{V_{量气管} \times \dfrac{T_0}{T_{量气管}}} \tag{5-54}$$

式中 $M_{H_2SO_4}$ ——硫酸溶液的摩尔浓度，mol/L；

       $V_{H_2SO_4}$ ——硫酸溶液的体积，L；

$V_{量气管}$，$T_{量气管}$ ——量气管测出的空气总体积（L）、操作温度（K）；

       T_0 ——标准状态下的绝对温度，273K。

5.6.7.3 塔底液相浓度 X_1 的测定

$$M_{NH_3} = \frac{2M_{H_2SO_4}V_{H_2SO_4}}{V_{NH_3}} \tag{5-55}$$

式中 $M_{H_2SO_4}$ ——硫酸溶液的体积摩尔浓度，mol 溶质/L 溶液；

       $V_{H_2SO_4}$ ——硫酸溶液的体积，L；

       V_{NH_3} ——塔底吸收液的体积，L。

$$X_1 = \frac{n_{NH_3}}{n_{H_2O}} = \frac{M_{NH_3}V_{NH_3}}{\dfrac{1000}{18}} \tag{5-56}$$

5.6.7.4 相平衡常数 m 的确定

已根据氨-水系统测定了相关相平衡常数与温度之间的关系图，见图 5-13，供查阅。

5.6.7.5 作操作线

$$\frac{L}{G} = \frac{Y_1 - Y_2}{X_1 - X_2} \tag{5-57}$$

由尾气分析装置测得 Y_2 值、X_1 值，$X_2 = 0$，已计算出 Y_1 值，由上式作出操作线。

因为过程为低浓度吸收，故平衡线关系为：

$$Y^* = mX \tag{5-58}$$

式中 Y^* ——气相平衡时的摩尔比；

       X ——液相摩尔比；

       m ——相平衡常数，量纲为一。

5.6.7.6 计算气相平均浓度差 ΔY_m

$$\Delta Y_m = \frac{\Delta Y_1 - \Delta Y_2}{\ln \dfrac{\Delta Y_1}{\Delta Y_2}} \tag{5-59}$$

$$\Delta Y_1 = Y_1 - Y_1^*$$

$$\Delta Y_2 = Y_2 - Y_2^*$$

由图 5-12 平衡线与操作线组合的 Y-X 图可得 ΔY_1、ΔY_2 数据。

5.6.7.7　计算气相总传质单元数 N_{OG}

$$N_{OG} = \frac{Y_1 - Y_2}{\Delta Y_m} \tag{5-60}$$

5.6.7.8　计算气相总传质单元高度 H_{OG}

$$H_{OG} = \frac{Z}{N_{OG}} \tag{5-61}$$

5.6.7.9　计算空气通过塔的摩尔流量

$$G = \frac{q_0}{22.4} \times \frac{T_0}{T} \tag{5-62}$$

5.6.7.10　计算气相总体积吸收系数 $K_Y a$

$$K_Y a = \frac{G}{H_{OG}\Omega} \tag{5-63}$$

5.6.7.11　计算回收率 η

$$\eta = \frac{Y_1 - Y_2}{Y_1} \tag{5-64}$$

5.6.8　实验记录及处理表

实验记录及处理表见表 5-17～表 5-19。

表 5-17　干填料时 $(\Delta p/z)$-u 的实验数据记录及处理表

装置编号：　　　　填料种类：　　　　填料层高度：
塔径：　　　　液体流量:0

序号	空气流量计读数 /(m³/h)	空气流量计处温度 /℃	填料层压强降 /mmH₂O	空气流量计处压强降 /mmH₂O	单位高度填料层压强降 /(mmH₂O/m)	实际空气流量 /(m³/h)	空塔气速 /(m/s)

表 5-18　某一喷淋量时的 $(\Delta p/z)\text{-}u$ 的实验数据记录及处理表

序号	空气流量计读数 /(m³/h)	空气流量计处温度 /℃	填料层压强降 /mmH₂O	空气流量计处压强降 /mmH₂O	单位高度填料层压强降 /(mmH₂O/m)	实际空气流量 /(m³/h)	空塔气速 /(m/s)	操作现象

液体流量：

表 5-19　填料吸收塔传质实验数据记录及处理表

装置编号：　　　填料种类：　　　填料层高度：
塔径：　　　吸收剂：　　　气体混合物：

项目		
空气转子流量计读数/(m³/h)		
空气流量计处温度/℃		
空气实际体积流量/(m³/h)		
氨转子流量计读数/(m³/h)		
氨流量计处温度/℃		
氨气实际体积流量/(m³/h)		
水流量/(L/h)		
测尾气用硫酸浓度 M/(mol/L)		
测尾气用硫酸体积/mL		
量气管内空气总体积/mL		
量气管内空气温度/℃		
滴定塔底吸收液用硫酸浓度 M/(mol/L)		
滴定塔底吸收液用硫酸体积/mL		
样品体积/mL		
塔底液相温度/℃		
相平衡常数 m		
塔底气相浓度 Y_1/(kmol 氨/kmol 空气)		
塔顶气相浓度 Y_2/(kmol 氨/kmol 空气)		
塔底液相浓度 X_1/(kmol 氨/kmol 水)		
Y_1^*/(kmol 氨/kmol 空气)		
平均浓度差 ΔY_m/(kmol 氨/kmol 空气)		
气相总传质单元数 N_{OG}		
气相总传质单元高度 H_{OG}/m		
空气的摩尔流量 G/(kmol/h)		
气相总体积吸收系数 $K_Y a$/[kmol 氨/(m³·h)]		
回收率 η_A		

5.6.9 实验结果与分析

① 由实验结果得出，在其他条件不变时，增大混合气体的流量，N_{OG}、H_{OG}、$K_Y a$、η_A 将如何变化？

② 从 $(\Delta p / Z)\text{-}u$ 关系曲线中确定的液泛气速与实际观测的结果是否一致？

5.6.10 思考题

① 测定填料塔的液体力学特性有何意义？

② 从实验数据分析水吸收氨是气膜控制还是液膜控制，或是两者兼有之？

③ 要强化水对氨的吸收，可采取哪些措施并分析可能产生什么结果？

5.6.11 表格

双对数坐标表见表 5-20。

表 5-20 双对数坐标表

5.7　筛板塔精馏操作及效率的测定

5.7.1　实验目的

① 了解筛板精馏塔的结构和操作。
② 学习精馏塔性能参数的测量方法，并掌握其影响因素。

5.7.2　实验内容

① 研究开车过程中，精馏塔在全回流条件下，塔顶温度等参数随时间的变化情况。
② 测定精馏塔在全回流条件下，稳定操作后的全塔理论板数和总板效率。
③ 测定精馏塔在某一回流比下，稳定操作后的全塔理论板数和总板效率。

5.7.3　实验原理

对于二元物系，如已知其气液平衡数据，则根据精馏塔的原料液组成、进料热状况、操作回流比、塔顶馏出液组成及塔底釜液组成，可求出该塔的理论板数 N_T。按照式(5-65)可以得到总板效率 E_T，其中 N_P 为实际塔板数。

$$E_T = \frac{N_T}{N_P} \times 100\%　\tag{5-65}$$

部分回流时，进料热状况参数的计算式为

$$q = \frac{C_{pm}(t_{BP} - t_F) + r_m}{r_m}　\tag{5-66}$$

式中　t_F——进料温度，℃；
　　　t_{BP}——进料的泡点温度，℃；
　　　C_{pm}——进料液体在平均温度 $(t_F + t_P)/2$ 下的比热容，kJ/(kmol·℃)；
　　　r_m——进料液体在其组成和泡点温度下的汽化潜热，kJ/kmol。

$$C_{pm} = C_{p1}M_1 x_1 + C_{p2}M_2 x_2　\tag{5-67}$$

$$r_m = r_1 M_1 x_1 + r_2 M_2 x_2　\tag{5-68}$$

式中　C_{p1}，C_{p2}——纯组分1和组分2在平均温度下的比热容，kJ/(kg·℃)；
　　　r_1，r_2——纯组分1和组分2在泡点温度下的汽化潜热，kJ/kg；
　　　M_1，M_2——纯组分1和组分2的摩尔质量，kg/kmol；
　　　x_1，x_2——纯组分1和组分2在进料中的摩尔分数。

5.7.4　实验装置的流程

筛板精馏装置流程如图 5-15 所示。采用的实验物系：乙醇/正丙醇。
质量分数与折射率的关系（30℃）：

$$w = 58.84 - 42.61 \times n_D　\tag{5-69}$$

式中　w——质量分数；
　　　n_D——折射率。

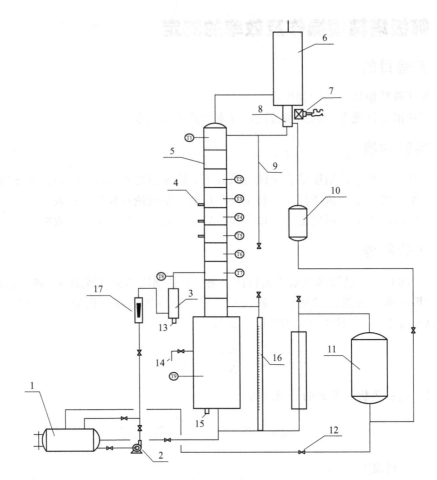

图 5-15　筛板精馏装置流程图

1—原料液罐；2—进料泵；3—预热器；4—单板取样口；5—精馏塔；6—冷凝器；7—电磁线圈；
8—回流比控制器；9—塔顶取样口；10—塔顶产品贮罐；11—塔釜产品贮罐；12—控制阀；
13—加热器；14—塔釜取样口；15—加热器；16—液面计；17—转子流量计

5.7.5　实验步骤

（1）实验前准备工作

将阿贝折射仪配套的超级恒温水浴调整运行到所需的温度（30℃），并记下这个温度。配制一定浓度的乙醇/正丙醇混合液，然后加到进料槽中。在精馏塔釜中加入其容积 2/3 的乙醇/正丙醇混合液。

（2）全回流操作

向塔顶冷凝器 6 通入冷却水，接通塔釜加热器电源，设定加热功率进行加热。当塔釜中液体开始沸腾时，注意观察塔内气液接触状况，当塔顶有液体回流后，适当调整加热功率，使塔内维持正常的操作状态。进行全回流操作至塔顶温度保持恒定 5min 后，在塔顶和塔釜分别取样，用阿贝折射仪测量样品浓度。阿贝折射仪的使用方法见 5.7.11。

（3）部分回流操作

将进料转子流量计调至流量为 1.5～2L/h，打开回流比控制器调至回流比为 4，同时接收塔顶流出液和塔底残液。待塔内操作正常且塔顶温度稳定 10min 以上，塔顶、塔底出液量不变表明塔内操作达到稳定，此时分别测取塔顶、塔底、进料的浓度，并记录进料温度。

检查数据合理后，停止加料并将加热电压调为零，关闭回流比调节器开关。根据物系的 t-x-y 关系，确定部分回流下进料的泡点温度。

实验结束后，停止加热，待塔釜温度冷却至室温后，关闭冷却水，一切复原，并打扫实验室卫生，将实验室水电切断后，方能离开实验室。

5.7.6　注意事项

① 本实验过程中要特别注意安全，实验所用物系是易燃物品，操作过程中避免洒落以免发生危险。

② 本实验加热时应注意加热千万别过快，以免发生爆沸（过冷沸腾）使釜液从塔顶冲出，若遇此现象应立即断电，重新加料到指定冷液面，再缓慢升电压，重新操作。升温和正常操作中釜的电功率不能过大。

③ 开车时必须先接通冷却水，方能进行塔釜加热，停车时则反之。

④ 使用阿贝折射仪测浓度时，一定要按给出的质量分数-折射率关系曲线的标定温度的要求控制折射仪的测量温度，使所测温度与标定时的温度相同。在读取折射率时，一定要同时记录其测量温度。（折射仪使用方法见其说明书）

5.7.7　实验数据表

实验数据见表 5-21。

表 5-21　精馏实验数据记录表

实验装置：		实际塔板数：		物系：		
	全回流:$R=\infty$ 塔顶温度：			部分回流:$R=$　　进料量： 塔顶温度：　进料温度：　泡点温度：		
	塔顶组成	塔釜组成	塔顶组成	塔釜组成	进料组成	
折射率 n						
质量分数 w						
摩尔分数 x						
全塔效率 E_T			全塔效率 E'_T			

5.7.8　报告内容

① 将塔顶、塔底温度和组成，以及各流量计读数等原始数据列表。
② 按全回流和部分回流分别用图解法计算理论板数。
③ 计算全塔效率和单板效率。
④ 分析并讨论实验过程中观察到的现象。

5.7.9　图解法求理论板数

图解法求全回流条件下的理论塔板数图纸如图 5-16 所示。

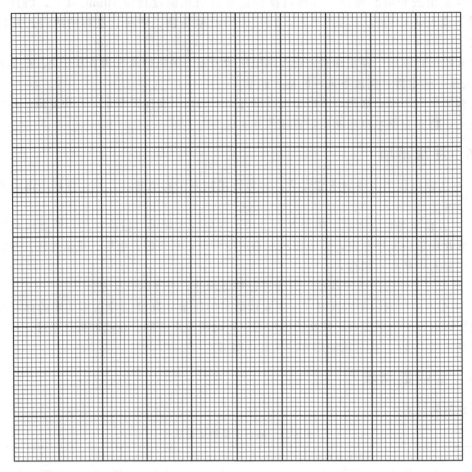

图 5-16　图解法求全回流条件下的理论塔板数图纸

图解法求部分回流条件下的理论塔板数图纸如图 5-17 所示。

5.7.10　思考题

① 测定全回流和部分回流总板效率与单板效率时各需测几个参数？取样位置在何处？

② 全回流时测得板式塔上第 n、$n-1$ 层液相组成后，如何求得 x_n^*，部分回流时，又如何求 x_n^*？

③ 在全回流时，测得板式塔上第 n、$n-1$ 层液相组成后，能否求出第 n 层塔板上的以气相组成变化表示的单板效率？

④ 查取进料液的汽化潜热时定性温度取何值？

⑤ 若测得单板效率超过 100%，作何解释？

⑥ 试分析实验结果成功或失败的原因，提出改进意见。

5.7.11　说明

5.7.11.1　常压下乙醇-正丙醇气液平衡数据

常压下乙醇-正丙醇气液平衡数据如表 5-22 所示。

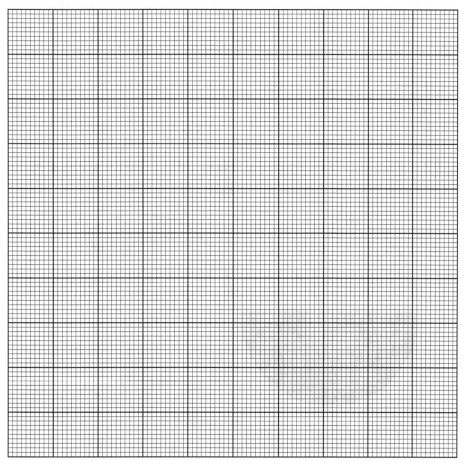

图 5-17 图解法求部分回流条件下的理论塔板数图纸

表 5-22 常压下乙醇-正丙醇气液平衡数据

$t/℃$	97.60	93.85	92.66	91.60	88.32	86.25	84.98	84.13	83.06	80.50	78.38
x（摩尔分数）	0	0.126	0.188	0.210	0.358	0.461	0.546	0.600	0.663	0.884	1.000
y（摩尔分数）	0	0.240	0.318	0.349	0.550	0.650	0.711	0.760	0.799	0.914	1.000

5.7.11.2 阿贝折射仪的使用方法

阿贝折射仪如图 5-18 所示。

① 了解浓度-折射率标定曲线的标定温度。

② 观察超级恒温水浴的触点温度计的设定温度是否在曲线的标定温度附近。若不是，则需调整至标定温度。

③ 启动超级恒温水浴，待恒温后，观察阿贝折射仪测量室的温度是否正好等于曲线的标定温度。若否，则应适当调节超级恒温水浴的触点温度计，使阿贝折射仪测量室的温度正好等于曲线的标定温度。

④ 用折射仪测定无水乙醇的折射率，看折射仪的"零点"是否正确。

⑤ 测定某物质的折射率的步骤如下：

a. 测量折射率时，放置待测液体的薄片状空间可称为"样品室"。测量之前应用镜头纸将样品室的上下磨砂玻璃表面擦拭干净，以免留有其他物质影响测定的精确度。

b. 在样品室关闭且锁紧手柄的挂钩刚好挂上的状态下，用医用注射器将待测的液体从样品室侧面的小孔注入样品室内，然后立即旋转样品室的锁紧钮，将样品室锁紧（锁紧即可，但不要用力过大）。

c. 调节样品室下方和竖置大圆盘侧面的反光镜，使两镜筒内的视场明亮。

d. 从目镜中可看到刻度的镜筒叫"读数镜筒"（左），另一个叫"望远镜筒"（右）。先估计一下样品的折射率数值的大概范围，然后转动竖置大圆盘下方侧面的手轮，将刻度调至样品折射率数值的附近。

e. 转动目镜底部侧面的手轮，使望远镜筒视场中除黑白两色外无其他颜色。再旋转竖置大圆盘下方侧面的手轮，将视场中黑白分界线调至斜十字线的中心（如图 5-18 所示）。

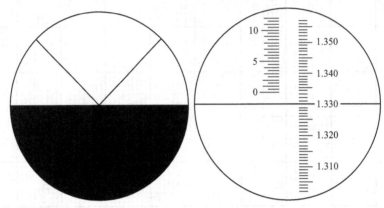

图 5-18　阿贝尔折射仪

f. 读数镜筒中看到的右列刻度读数则为待测物质的折射率数值 N_D（如图 5-18 所示）。

⑥ 要注意保持折射仪的清洁，严禁污染光学零件，必要时可用干净的镜头纸或脱脂棉轻轻地擦拭。如光学零件表面有油垢，可用脱脂棉蘸少许洁净的汽油轻轻地擦拭。

5.8 干燥速率曲线测定

5.8.1 实验目的

① 掌握干燥曲线和干燥速率曲线的测定方法。
② 学习物料含水量的测定方法。
③ 加深对物料临界含水量 X_c 的概念及其影响因素的理解。
④ 学习恒速干燥阶段物料与空气之间对流传热系数的测定方法。
⑤ 学习用误差分析方法对实验结果进行误差估算。

5.8.2 实验内容

① 每组在某固定的空气流量和某固定的空气温度下测量一种物料干燥曲线、干燥速率曲线和临界含水量。
② 测定恒速干燥阶段物料与空气之间的对流传热系数。

5.8.3 实验原理

当湿物料与干燥介质相接触时，物料表面的水分开始汽化，并向周围介质传递。根据干燥过程中不同期间的特点，干燥过程可分为两个阶段。

第一个阶段为恒速干燥阶段。在此过程中时，由于整个物料的含水量较大，所汽化的是物料的非结合水分，物料表面的水汽分压与同温度下的水蒸气压相等，干燥速率为物料表面上水分的气化速率所控制，故此阶段亦称为表面汽化控制阶段。在此阶段，干燥介质传给物料的热量全部用于水分的汽化，物料表面的温度维持恒定（等于热空气湿球温度），物料表面处的水蒸气分压也维持恒定，故干燥速率恒定不变。

第二个阶段为降速干燥阶段，当物料被干燥达到临界含水量后，便进入降速干燥阶段。此时，物料中所含水分较少，水分自物料内部向表面传递的速率低于物料表面水分的汽化速率，干燥速率为水分在物料内部的传递速率所控制。故此阶段亦称为内部迁移控制阶段。随着物料含水量逐渐减少，物料内部水分的迁移速率也逐渐减小，故干燥速率不断下降。

恒速段的干燥速率和临界含水量的影响因素主要有：固体物料的种类和性质；固体物料层的厚度或颗粒大小；空气的温度、湿度和流速；空气与固体物料间的相对运动方式。

恒速段的干燥速率和临界含水量是干燥过程研究和干燥器设计的重要数据。本实验在恒定干燥条件下对帆布物料进行干燥，测定干燥曲线和干燥速率曲线，目的是掌握恒速阶段干燥速率和临界含水量的测定方法及其影响因素。

5.8.3.1 干燥曲线和干燥速率曲线的测定

干燥过程的机理复杂，至今研究尚不充分，干燥速率的数据主要依靠试验。实验中记录不同时间 τ 下湿物料的质量 G，直到物料质量不再变化为止。物料中最后所含水分即为平衡水分 X^*。再将物料进一步烘干，得到绝干物料质量 G_c。物料中的瞬间含水量为

$$X = \frac{G - G_c}{G_c}$$

(5-70)

将物料含水量 X 对干燥时间 τ 作图，可得到该物料在恒定空气状态下的干燥曲线。从此图可直接读出在恒定条件下将物料干燥至某一含水量所需的时间。图中曲线：经不长时间

的调整后，随干燥时间呈直线关系减小，这一段$\dfrac{\mathrm{d}X}{\mathrm{d}\tau}$＝常数，即是等速阶段。直线关系减小到某一临界点后，减少的速度变慢，这时就进入降速阶段。临界点的物料含水量X_c称临界含水量。

若将上述干燥曲线换算成干燥速率U与物料含水量X进行标绘，即得干燥速率曲线。干燥速率的定义是单位时间单位干燥表面积汽化的水分质量

$$U=\frac{G_c\mathrm{d}X}{S\mathrm{d}\tau} \tag{5-71}$$

式中，S表示干燥面积，m^2。实验时先测得G_c和S，计算出G_c/S；再在干燥曲线中取不同时间间隔$\Delta\tau$下，物料含水量的减少量ΔX。用$\Delta X/\Delta\tau$代替$\mathrm{d}X/\mathrm{d}\tau$代入式(5-71)中，可得对应的$U$值。与$U$值相对应的$X$，则是采用代入式(5-70)时的$\Delta X$间隔的平均值$\overline{X}$，即，$[\Delta X_i=X_{i-1}-X_i; \overline{X}=(X_{i-1}+X_i)/2]$。

5.8.3.2　恒速阶段中空气与物料表面之间对流传热系数的测定

恒速阶段$\dfrac{\mathrm{d}X}{\mathrm{d}\tau}$＝常数，因而恒速阶段的干燥速率$U_c$可从式(5-71)写成

$$U_c=-\frac{G_c}{S}\times\frac{\mathrm{d}X}{\mathrm{d}\tau}=-\frac{G_c}{S}\times\frac{(X_1-X_c)}{(0-\tau_1)}=\frac{G_c}{S}\frac{(X_1-X_c)}{\tau_1} \tag{5-72}$$

式中　τ_1——恒速阶段的干燥时间，s；

X_1——恒速阶段起始时的物料含水量。

恒速阶段物料表面温度为空气的湿球温度t_w，物料汽化水分带出的热量，依赖空气传给物料表面，在空气状态恒定、绝热汽化的条件下，空气传给物料表面的热量与水汽化带走的热相等，并以Q表示。因此，恒速阶段的干燥速率也可按传热关系写成

$$U_c=\frac{Q}{Sr_w}=\frac{\alpha(t-t_w)}{r_w} \tag{5-73}$$

因此，恒速阶段空气对物料表面的对流传热系数α由式(5-73)可写出

$$\alpha=\frac{U_c r_w}{(t-t_w)} \tag{5-74}$$

式中　α——恒速干燥阶段物料表面与空气之间的对流传热系数，$W/(m^2\cdot℃)$；

U_c——恒速干燥阶段的干燥速率，$kg/(m^2\cdot s)$；

t_w——干燥器内空气的湿球温度，℃；

t——干燥器内空气的干球温度，℃；

r_w——t_w℃下水的汽化热，J/kg。

5.8.3.3　干燥器内空气实际体积流量的计算

干燥器内空气实际流量V_t可通过孔板流量计求出的空气流量$V_{t。}$，按下式换算求得

$$V_t=V_{t。}\times\frac{273+t}{273+t。} \tag{5-75}$$

式中　V_t——干燥器内空气实际流量，m^3/s；

$V_{t。}$——孔板流量计求出的空气流量，m^3/s；

$t。$——孔板流量计孔板处的空气温度，℃；

t——干燥器内空气的温度，℃。

式(5-75) 中的 $V_{t_\circ}$。由孔板流量计测出压差 Δp，按下式求得

$$V_{t_\circ} = C_\circ \times A_\circ \times \sqrt{\frac{2 \times \Delta p}{\rho}} \qquad (5\text{-}76)$$

$$A_\circ = \frac{\pi}{4} d_\circ^2 \qquad (5\text{-}77)$$

式中　$A_\circ$——孔板开孔面积，m^2；

　　　$C_\circ$——孔板流量计的流量系数，0.65；

　　　$d_\circ$——孔板开孔直径，0.040m；

　　　Δp——孔板上下游两侧压力差，Pa；

　　　ρ——孔板流量计处 $t_\circ$ 时空气的密度，kg/m^3。

5.8.4　实验装置

洞道干燥实验流程如图 5-19 所示。

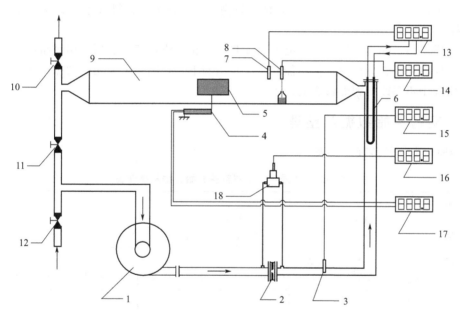

图 5-19　洞道干燥实验流程示意图

1—中压风机；2—孔板流量计；3—空气进口温度计；4—重量传感器；5—被干燥物料；6—加热器；7—干球温度计；
8—湿球温度计；9—洞道干燥器；10—废气排出阀；11—废气循环阀；12—新鲜空气进气阀；13—干球温度
显示控制仪表；14—湿球温度显示仪表；15—进口温度显示仪表；16—流量压差显示仪表；
17—重量显示仪表；18—压力变送器

干燥器类型：洞道式。

洞道截面积：$0.13 \times 0.17 = 0.0221$（$m^2$）。

加热功率：500～1500W；空气流量：1～5m^3/min；干燥温度：40～120℃。

重量传感器显示仪：量程（0～200g），精度 0.1 级。

干球温度、湿球温度显示仪：量程（0～150℃），精度 0.5 级。

5.8.5　操作方法

① 将干燥物料（帆布）放入水中浸湿，向湿球温度计的附加蓄水池内补充适量的水，

使池内水面上升至适当位置。

　　② 调节送风机吸入口的阀门 12 到全开的位置后启动风机。

　　③ 用废气排出阀 10 和废气循环阀 11 调节到指定的流量后，开启加热电源。在智能仪表中设定干球温度，仪表自动调节到指定的温度。

　　④ 在空气温度、流量稳定的条件下，用重量传感器 4 测定支架的重量并记录下来。

　　⑤ 把充分浸湿的被干燥物料（帆布）5 固定在重量传感器 4 上并与气流平行放置。

　　⑥ 在稳定的条件下，记录干燥时间每隔 2min 干燥物料减轻的重量，直至干燥物料的重量不再明显减轻为止。

　　⑦ 改变空气流量或温度，重复上述实验。

　　⑧ 关闭加热电源，待干球温度降至常温后关闭风机电源和总电源。

　　⑨ 实验完毕，一切复原。

5.8.6　注意事项

　　① 重量传感器的量程为 0~200g，精度较高。在放置干燥物料时务必要轻拿轻放，以免损坏仪器。

　　② 干燥器内必须有空气流过才能开启加热，防止干烧损坏加热器，出现事故。

　　③ 干燥物料要充分浸湿，但不能有水滴自由滴下，否则将影响实验数据的正确性。

　　④ 实验中不要改变智能仪表的设置。

5.8.7　实验原始数据及整理

　　实验原始数据及整理表见表 5-23。

表 5-23　干燥实验装置实验原始数据及整理表

空气孔板流量计压差读数：$\Delta p =$　　Pa　流量计处空气温度：$t_c =$　　℃
干球温度：$t =$　　℃　　湿球温度：$t_w =$　　℃　　框架重量：$G_s =$　　g
绝干物料量：$G_c =$　　g　干燥面积 $S =$　　m^2　洞道截面积：　　m^2

序号	累计时间 /min	总重量 G_T/g	干基含水量 X/(kg/kg)	平均含水量 X_{AV}/(kg/kg)	干燥速率 $U \times 10^4$/[kg/(s·m²)]	r_w /(J/kg)	U_c /(kg/m³)	α /[W/(m²·℃)]	X_c /(kg/kg)
1	0								
2	3								
3	6								
4	9								
5	12								
6	15								
7	18								
8	21								
9	24								
10	27								
11	30								
12	33								

5.8.8　报告内容

① 根据实验结果绘制出干燥曲线、干燥速率曲线，并确定恒定干燥速率、临界含水量、平衡含水量。

② 计算出恒速干燥阶段物料与空气之间的对流传热系数。

③ 试分析空气流量或温度对恒定干燥速率、临界含水量的影响。

5.8.9　干燥曲线和干燥速率曲线

干燥曲线图纸如图 5-20 所示。

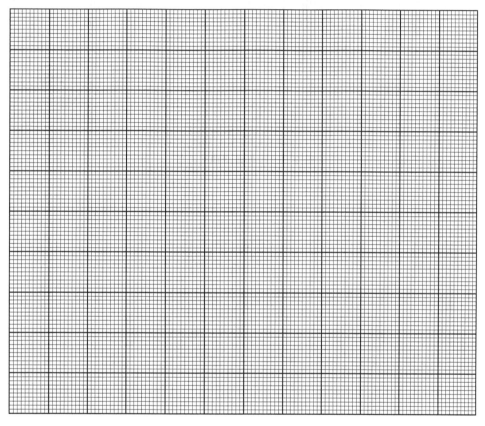

图 5-20　干燥曲线图纸

干燥速率曲线图纸如图 5-21 所示。

5.8.10　实验结果与分析

① 试分析在其他条件不变的情况下，随空气温度增加，恒速段干燥速度、临界含水量、α 将如何变化？结果与理论分析是否一致？为什么？

② 在恒速干燥阶段，α 的经验计算值 ［用 $\alpha=14.3G^{0.8}$ 计算，G 的单位为 $kg/(m^2 \cdot s)$］ 与 α 的实测值之间的误差是多少？

③ 试分析在实验装置中，将废气全部循环可能出现什么后果？

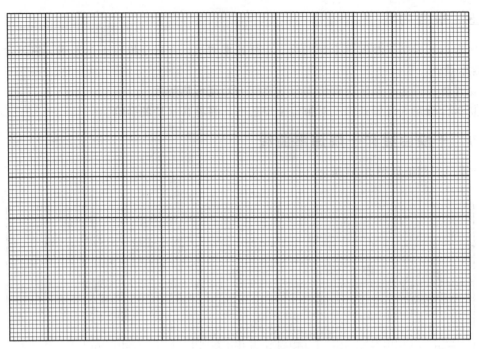

图 5-21　干燥速率曲线图纸

5.9 转盘塔液-液萃取

5.9.1 实验目的

① 了解转盘萃取塔的基本结构、操作方法及萃取的工艺流程。

② 观察转盘转速变化时，萃取塔内轻、重两相流动状况，了解萃取操作的主要影响因素，研究萃取操作条件对萃取过程的影响。

③ 掌握每米萃取高度的传质单元数 N_{OR}、传质单元高度 H_{OR} 和萃取率 η 的测定方法。

5.9.2 基本原理

萃取是分离和提纯物质的重要单元操作之一，是利用混合物中各个组分在外加溶剂中的溶解度的差异而实现分离的单元操作。使用转盘塔进行液-液萃取操作时，两种液体在塔内做逆流流动，其中一相液体作为分散相，以液滴形式通过另一种连续相液体，两种液相的浓度则在设备内作微分式的连续变化，并依靠密度差在塔的两端实现两液相间的分离。当轻相作为分散相时，相界面出现在塔的上端；反之，当重相作为分散相时，则相界面出现在塔的下端。

5.9.2.1 传质单元法的计算

计算微分逆流萃取塔的塔高，主要采取传质单元法。即以传质单元数和传质单元高度来表征，传质单元数表示过程分离程度的难易，传质单元高度表示设备传质性能的好坏。

$$H = H_{OR} N_{OR} \qquad (5\text{-}78)$$

式中 H——萃取塔的有效接触高度，m；

     H_{OR}——以萃余相为基准的总传质单元高度，m；

     N_{OR}——以萃余相为基准的总传质单元数，无量纲。

按定义，N_{OR} 的计算式为

$$N_{OR} = \int_{x_R}^{x_F} \frac{\mathrm{d}x}{x - x^*} \qquad (5\text{-}79)$$

式中 x_F——原料液的组成，kgA/kgS；

     x_R——萃余相的组成，kgA/kgS；

     x ——塔内某截面处萃余相的组成，kgA/kgS；

     x^*——塔内某截面处与萃取相平衡时的萃余相组成，kgA/kgS。

当萃余相浓度较低时，平衡曲线近似为过原点的直线，操作线也简化为直线处理，萃取平均推动力计算示意图如图 5-22 所示。

积分式(5-79) 得

$$N_{OR} = \frac{x_F - x_R}{\Delta x_m} \qquad (5\text{-}80)$$

式中，Δx_m 为传质过程的平均推动力，在操作线、平衡线作直线近似的条件下为

$$\Delta x_m = \frac{(x_F - x^*) - (x_R - 0)}{\ln \dfrac{x_F - x^*}{x_R - 0}} = \frac{(x_F - y_E/k) - x_R}{\ln \dfrac{x_F - y_E/k}{x_R}} \qquad (5\text{-}81)$$

式中 k——分配系数，例如，对于本实验的煤油苯甲酸相-水相，$k = 2.26$；

     y_E——萃取相的组成，kgA/kgS。

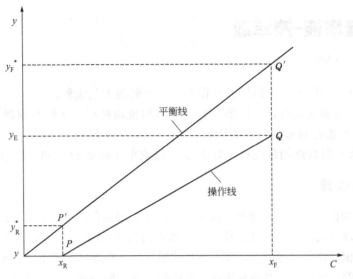

图 5-22　萃取平均推动力计算示意图

对于 x_F、x_R 和 y_E，分别在实验中通过取样滴定分析而得，y_E 也可通过如下的物料衡算而得

$$F+S=E+R$$
$$Fx_F+Sy_S=Ey_E+Rx_R \tag{5-82}$$

式中　F——原料液流量，kg/h；

　　　S——萃取剂流量，kg/h；

　　　E——萃取相流量，kg/h；

　　　R——萃余相流量，kg/h。

对稀溶液的萃取过程，因为 $F=R$，$S=E$，所以有

$$y_E=\frac{F}{S}(x_F-x_R) \tag{5-83}$$

本实验中，取 $F/S=1/1$（质量流量比），则式（5-83）简化为

$$y_E=x_F-x_R \tag{5-84}$$

5.9.2.2　萃取率的计算

萃取率 η 为被萃取剂萃取的组分 A 的量与原料液中组分 A 的量之比

$$\eta=\frac{Fx_F-Rx_R}{Fx_F} \tag{5-85}$$

对稀溶液的萃取过程，因为 $F=R$，所以有

$$\eta=\frac{x_F-x_R}{x_F} \tag{5-86}$$

5.9.2.3　组成浓度的测定

对于煤油苯甲酸相-水相体系，采用酸碱中和滴定的方法测定原料液组成 x_F、萃余相组成 x_R 和萃取相组成 y_E，即苯甲酸的质量分数，具体步骤如下。

① 用移液管量取待测样品 25mL，加 1~2 滴溴百里酚蓝指示剂。

② 用 KOH-CH_3OH 溶液滴定至终点，则所测浓度为

$$x = \frac{122N\Delta V}{25 \times 0.8} \tag{5-87}$$

式中 N——KOH-CH$_3$OH 溶液的当量浓度，N/mL；

ΔV——滴定用去的 KOH-CH$_3$OH 溶液的体积，mL。

苯甲酸的分子量为 122，煤油密度为 0.8g/mL，样品量为 25mL。

③ 萃取相组成

$$y_E = \frac{M(x_F - x_{R'})}{y_{E'} - x_{R'}} \tag{5-88}$$

5.9.3　实验装置与流程

萃取流程示意图如图 5-23 所示。

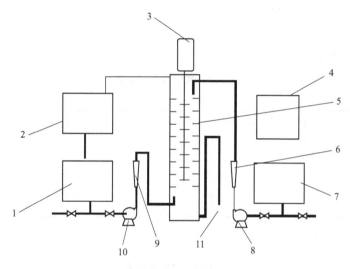

图 5-23　萃取流程示意图

1—轻相槽；2—萃余相（回收槽）；3—电动搅拌器；4—电器控制箱；5—萃取塔；6—水流量计；

7—重相槽；8—磁力水泵；9—煤油流量计；10—煤油泵；11—萃取相导出口

本装置操作时应先在萃取塔 5 内灌满连续相——水，然后开启分散相——煤油（含有饱和苯甲酸），待分散相在塔顶凝聚一定厚度的液层后，通过连续相的 Π 形管闸阀调节两相的界面于一定高度，对于本装置采用的实验物料体系，凝聚在塔的上端进行（塔的下端也设有凝聚段）。本装置外加能量的输入，可通过直流调速器调节电动搅拌器的中心轴的转速。

5.9.4　实验步骤

① 将煤油配制成含苯甲酸的混合物（配制成饱和或近饱和），然后把它灌入轻相槽内。（注意：勿直接在槽内配制饱和溶液，防止固体颗粒堵塞煤油输送泵的入口。）

② 接通水管，将水灌入重相槽 7 内，用磁力水泵 8 将水送入萃取塔 5 内。（注意：磁力泵切不可空载运行。）

③ 通过调节转速控制外加能量的大小（即电动搅拌器 3 的转速），在操作时转速逐步加大，中间会跨越一个临界转速（共振点），一般实验转速可取 500r/min。

④ 水在萃取塔内搅拌流动，并连续运行 5min 后，开启分散相——煤油管路，调节水和煤油两相的体积流量一般在 20～40L/h 范围内，根据实验要求将两相的质量流量比调节为

1:1。(注:在进行数据计算时,对煤油流量计9测得的数据要校正,即煤油的实际流量应

为 $V_{校} = \sqrt{\dfrac{1000}{800}} V_{测}$,其中 $V_{测}$ 为煤油流量计上的显示值。)

⑤ 待分散相煤油在塔顶凝聚一定厚度的液层后,再通过连续相水的出口管路中 Ⅱ 形管上的阀门开度来调节两相界面高度,操作中应维持上集液板中两相界面的恒定。

⑥ 通过改变电动搅拌器3转速分别测取萃取效率 η 或总传质单元高度 H_{OR},从而判断外加能量对萃取过程的影响。

⑦ 取样分析。采用酸碱中和滴定的方法测定原料液组成 x_F、萃余相组成 x_R 和萃取相组成 y_E,即苯甲酸的质量分数,具体步骤见 5.9.2 中组成浓度的测定。

5.9.5　实验报告

① 测定不同转速下的萃取效率 η、总传质单元高度 H_{OR}。

② 以煤油为分散相,水为连续相,进行萃取过程的操作。

实验数据记录见表 5-24。

表 5-24　实验数据记录表

氢氧化钾的当量浓度 $N_{KOH}=$ 　　　　　 N/mL

编号	原料 F/(L/h)	溶剂 S/(L/h)	转速 n	ΔV_F/mL	ΔV_R/mL	ΔV_S/mL
1						
2						
3						
4						

数据处理见表 5-25。

表 5-25　数据处理表

编号	转速	萃余相浓度	萃取相浓度	平均推动力	传质单元数	传质单元高度	效率
	n	x_R	y_E	Δx_m	N_{OR}	H_{OR}	η
1							
2							
3							
4							

5.9.6　思考题

① 分析比较萃取实验装置与吸收、精馏实验装置的异同点。

② 本萃取实验装置的转盘转速是如何调节和测量的?从实验结果分析转盘转速变化对萃取传质系数与萃取率的影响。

③ 测定原料液、萃取相、萃余相的组成可用哪些方法?采用中和滴定法时,标准碱为什么选用 KOH-CH_3OH 溶液,而不选用 KOH-H_2O 溶液?

第6章 拓展实验

6.1 膜分离实验

6.1.1 实验目的

① 了解不同膜分离工艺的原理、设备及流程。

② 掌握 EM、UF、RO 和 NF 的适用范围和对象。

6.1.2 实验原理

6.1.2.1 微滤（EM）

微滤膜的微孔直径为 $0.22\mu m$，当膜的一面遇到具有一定压力、含有一定悬浮颗粒物质的液体时，粒径$>0.22\mu m$ 的悬浮颗粒物质就被截流在膜的一面，粒径$<0.22\mu m$ 的悬浮颗粒物质与水分子一起透过微滤膜排出，从而达到分离水体中部分悬浮颗粒物质的目的。

采用含有少量悬浮颗粒物质的水进行实验，通过测定进水和出水的浊度来表示微滤膜的处理效果。

6.1.2.2 超滤（UF）

超滤膜的微孔直径在 $10nm\sim0.1\mu m$，截流分子量在 2 万～5 万，范围根据需要进行选择。当膜的一面遇到具有一定压力、含有一定量颗粒物质的溶液时，粒径$>$膜孔径的颗粒物质就被截流在膜的一面。为了防止被截流下来的颗粒物质越来越多而堵塞滤膜，往往采用动态过滤的方法进行超滤，即在进行超滤的同时，利用一股液体流连续冲刷膜表面的截留物，以保持超滤膜表面始终具有良好的通透性。因此，超滤膜设备的出水有两股，一股为透过液（淡水），一股为截留物液（浓水）。

超滤示意如图 6-1 所示。

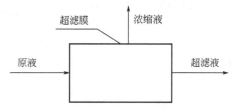

图 6-1　超滤（UF）示意图

超滤膜可以截留溶液中的细菌、病毒、热源、蛋白质、胶体、大分子有机物等等。

采用含有少量染料物质的水进行实验，通过测定进水、"淡水"和"浓水"的色度变化来表示超滤膜的处理效果。

6.1.2.3 反渗透（RO）

反渗透膜的孔径在 0.1～1nm 之间。反渗透技术是利用高压液体的高压作用，克服渗透膜的渗透压，使溶液中水分子逆方向渗透过渗透膜到达离子浓度较低的一端，从而达到去除溶液中大部分离子的目的。

为了防止被截流下来的其他离子越积越多而堵塞 RO 膜，同样采用动态的方法来进行反渗透，即在进行反渗透的同时，利用一股液体流连续冲刷膜表面的截留物，以保持反渗透膜表面始终具有良好的通透性。因此，反渗透设备的出水也有两股，一股为透过液（淡水），一股为截留物液（浓水）。

采用自来水进行实验，用在线电导仪测定进水、"淡水"和"浓水"的电导率变化，表示反渗透膜的处理效果。

6.1.2.4 纳滤（NF）

纳滤膜的孔径范围介于反渗透膜和超滤膜之间。纳滤技术是从反渗透技术中派生出来的一种膜分离技术，是超低压反渗透技术的延续和发展分支。一般认为，纳滤膜存在着纳米级的细孔，可以截留 95％的最小分子约为 1nm 的物质。

纳滤膜的特点在于：较低的反渗透压和较高的膜通透性，可以节能；通过纳滤膜的反渗透作用，可以去除多价的离子，保留部分低价的对人体有益的矿物离子。

为了防止被截留下来的其他离子越积越多而堵塞 NF 膜，同样采用动态的方法来进行反渗透，即在进行反渗透的同时，利用一股液体流连续冲刷膜表面的截留物，以保持反渗透膜表面始终具有良好的通透性。因此，纳滤设备的出水也有两股，一股为透过液（淡水），一股为截留物液（浓水）。

直接采用自来水进行实验，用在线电导仪测定进水、"淡水"和"浓水"的电导率变化，来表示纳滤膜的处理效果。采用原子吸收仪或其他的化学方法来测定反渗透出水与纳滤膜出水中的单价离子，二者加以比较，就可以知道纳滤膜出水中保留了比反渗透出水中更多的有益矿物离子。

下面是四种膜材料的技术参数，见表 6-1。

表 6-1　四种膜材料的技术参数

名称	型号	规格	产地
微滤膜（EM）	ZDS-20	尼龙、1m^2/60T/使用期 截留孔径 0.22μm	杭州翠西水处理设备有限公司
超滤膜（UF）	ZCA-4021	聚砜(PS)材料 截留分子量 2 万～3 万 处理量：600L/h/0.2MPa 浓水流量：占总流量的 15％～20％	天津天方膜分离工程有限公司
反渗透膜（RO）	LP-4040	8.1m^2/10.2T/天 浓水流量：占总流量的 20％～50％	美国陶氏公司
纳滤膜（NF）	ESNAI-4040	8.5m^2/8.0T/天 浓水流量：占总流量的 20％～50％	美国海德能公司

6.1.3 实验流程与设备

整套实验设备的四个单元共同安装在一个支架上，由微滤单元和反渗透单元组成设备的1/2，超滤单元和纳滤单元组成设备另外的1/2。

（1）微滤单元和反渗透单元

EM 和 RO 单元工艺流程如图 6-2 所示。

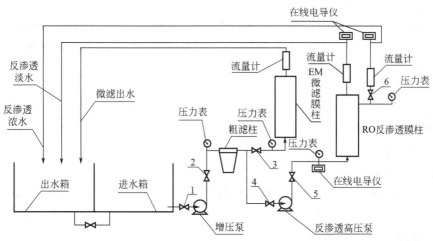

图 6-2　EM 和 RO 单元工艺流程图
1，2，3，4，5，6—控制阀

（2）超滤单元和纳滤单元

UF 和 NF 单元工艺流程如图 6-3 所示。

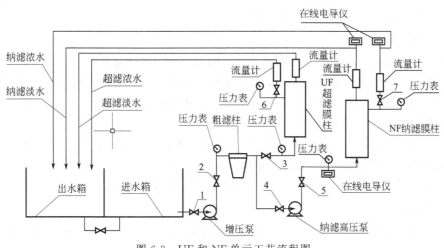

图 6-3　UF 和 NF 单元工艺流程图
1，2，3，4，5，6，7—控制阀

6.1.4 实验方法

根据上述的工艺流程图结合实际的实验设备，仔细了解设备的管路连接、流通方向、取水样的位置，各个阀门的控制功能，各个压力表所指示的位置，电气控制箱中各控制开关所控制的对象，各显示仪表所对应的检测点。

6.1.4.1 实验用水的准备

（1）微滤实验用水的准备

对于微滤过程，可选用 1% 浓度左右的碳酸钙溶液，或 100 目左右的双飞粉配成 2% 左右的悬浮液，作为实验采用的料液。透过液用烧杯接取，观察随料液浓度或流量变化，透过液侧清澈程度的变化。

（2）反渗透实验用水的准备

反渗透可分离分子量为 100 级别的离子，学生实验常取 0.5% 浓度的硫酸钠水溶液为料液，浓度分析采用电导率仪，即分别取各样品测取电导率值，然后比较相对数值即可（也可根据实验前做得的浓度-电导率值标准曲线获取浓度值）。

（3）超滤实验用水的准备

本装置中的超滤孔径可分离分子量 5 万级别的大分子，医药科研上常用于截留大分子蛋白质或生物酶。作为演示实验，可选用分子量为 6.7 万～6.8 万的牛血清白蛋白配成 0.02% 的水溶液作为料液。

（4）纳滤实验用水的准备

纳滤实验用水的准备与反渗透实验用水的准备完全一样，取 0.5% 浓度的硫酸钠水溶液作为料液。

6.1.4.2 微滤

在原料液贮槽中加满料液后，打开低压料液泵回流阀和低压料液泵出口阀，打开微滤料液进口阀和微滤清液出口阀，则整个微滤单元回路已畅通。

在控制柜中打开低压料液泵开关，可观察到微滤、超滤进口压力表显示读数，通过低压料液泵回流阀和低压料液泵出口阀，控制料液通入流量从而保证膜组件在正常压力下工作。改变浓液转子流量计流量，可观察到清液浓度变化。

6.1.4.3 反渗透

① 用清水清洗管路，通电检测高低压泵、温度、压力仪表是否正常工作。

② 在配料槽中配置实验所需料液，打开低压泵，料液经预过滤器进入预过滤液槽。

③ 低压预过滤 5～10min 后，开启高压泵，分别将清液、浓液转子流量计打到一定的开度，实验过程中可分别取样。

④ 若采用大流量物料（与实验量产有关），可在底部料槽中配好相应浓度料液。

⑤ 实验结束，可在配料槽中配置消毒液（常用 1% 甲醛，根据物料特性）打入各膜芯中。

⑥ 对于不同的膜分离过程实验，可采用安装不同膜组件的方法实现。

6.1.4.4 超滤

在原料液贮槽中加满料液后，打开低压料液泵回流阀和低压料液泵出口阀，打开超滤料液进口阀、超滤清液出口阀和浓液出口阀，则整个超滤单元回路已畅通。

在控制柜中打开低压料液泵开关，可观察到微滤、超滤进口压力表显示读数，通过低压料液泵回流阀和低压料液泵出口阀，控制料液通入流量从而保证膜组件在正常压力下工作。通过浓液转子流量计，改变浓液流量，可观察到对应压力表读数改变，并在流量稳定时取样分析。浓度分析采用紫外分光光度计，即分别取各样品在紫外分光光度计下 280nm 处吸光度值，然后比较相对数值即可（也可事先作出浓度-吸光度标准曲线供查值）。该物料泡沫较多，分析时取底下液体即可。

6.1.4.5 纳滤

纳滤实验的目的是检验纳滤膜对正负离子的截留作用，因此，可以从在线电导仪上得到数据来了解离子的截留情况。纳滤膜的淡水电导率应远低于进水的电导率，浓水的电导率应略大于进水的电导率。

纳滤膜对离子的截留率计算与反渗透实验的截留率计算一样。

在具有原子吸收分光光度计的实验条件下，可以测定反渗透实验出水与纳滤实验出水中的一价离子浓度，二者比较后可以判断两种膜的不同特性。

由于进行纳滤实验时进水箱、出水箱之间是连通的，加之本实验设备的单位时间处理量较大，因此，实验时的进水流量可以开得大一些。

6.1.5 注意事项

① 每个单元分离过程前，均应用清水彻底清洗该段回路，方可进行料液实验。清水清洗管路可仍旧按实验单元回路，对于微滤组件则可拆开膜外壳，直接清洗滤芯；另一个膜组件则不可打开，否则膜组件和管路重新连接后可能造成漏水情况发生。

② 整个单元操作结束后，先用清水洗完管路，之后在贮槽中配置 0.5%～1% 浓度的甲醛溶液，用水泵逐个将保护液打入各膜组件中，使膜组件浸泡在保护液中。

以反渗透膜加保护液为例，说明该步操作如下：

打开高压泵，控制保护液进入膜组件压力也在膜正常工作下；调节清液流量计开度，可观察到保护液通过清液排空软管溢流回保护液贮槽中；调节浓液流量计开度，可观察到保护液通过浓液排空软管溢流回保护液贮槽中，则说明反渗透膜浸泡在保护液中。

③ 对于长期使用的膜组件，其吸附杂质较多，或者浓差极化明显，则膜分离性能显著下降。对于预过滤和微滤组件，采取更换新内芯的手段；对于超滤、纳滤和反渗透组件，一般先采取反清洗手段，即将低浓度的料液溶液逆向进入膜组件，同时关闭浓液出口阀，使料液反向通过膜内芯而从物料进口侧出液，在这个过程中，料液可溶解部分溶质而减少膜的吸附。若反清洗后膜组件仍无法恢复分离性能（如基本的截留率显著下降），则表面膜组件使用寿命已到尽头，需更换新内芯。

6.1.6 实验报告

① 计算去除率，并对应流量作图。
② 计算渗透通量，并对应流量作图。
记录实验数据及处理见表 6-2。

表 6-2 记录实验数据及处理表

实验项目	进水	浓水	淡水	去除率	备注
微滤实验	进水浊度（稀释倍数）		淡水浊度（稀释倍数）	浊度去除率/%	
超滤实验	进水色度（稀释倍数）	浓水色度（稀释倍数）	淡水色度（稀释倍数）	色度去除率/%	

续表

实验项目	进水	浓水	淡水	去除率	备注
反渗透实验	进水电导率	浓水电导率	淡水电导率	离子去除率/%	
纳滤实验	进水电导率	浓水电导率	淡水电导率	离子去除率/%	

6.1.7　思考题

① 试述 4 种膜分离方法的异同及适用条件。

② 阅读参考文献，回答什么是浓差极化？有什么害处？有哪些消除的方法？

③ 提高料液的温度进行超滤会有什么影响？

④ 比较反渗透与超滤的优缺点。

6.2　喷雾干燥实验

6.2.1　实验目的

① 了解喷雾干燥原理、流程及设备。

② 熟悉喷雾干燥的特点及应用范围。

③ 了解喷雾干燥的关键部件——雾化器的基本形式及选择原则。

④ 了解和掌握湿物料连续喷雾干燥的方法。

6.2.2　实验原理

喷雾干燥是将原料液用雾化器分散成雾滴，并与热空气直接接触的一种干燥过程。原料液可以是溶液、乳浊液或悬浮液，也可以是膏状物。干燥产品可根据需要，制成粉状、颗粒状、空心球或团粒状。

喷雾干燥过程分为三个基本阶段：料液的雾化；雾滴和干燥介质接触、混合及流动，即进行干燥；干燥产品与空气分离。

（1）料液的雾化

原料液借助于雾化器形成直径 $10\sim100\mu m$ 的雾滴，雾滴与空气直接接触、混合是喷雾干燥独有的特征。雾化的目的是将料液分散为具有很大表面积的雾滴，当其与热空气接触时，雾滴中水分迅速汽化而干燥成粉末或颗粒状产品。

（2）干燥过程

雾滴和空气的接触（混合、流动、干燥）是同时进行的热传质过程，即干燥过程。此过程在干燥塔内进行。雾滴和空气的接触方式、混合与流动状态决定于热分布器的结构型式、雾化器在塔内的安装位置及废气排出方式等。本实验的雾滴-空气的流向为并流式。

（3）干燥产品与空气分离

喷雾干燥的产品大多都是采用塔底出料，部分细粉夹带在排放的废气中，这些粉末在排放前必须收集下来，以提高产品收率，降低生产成本；排放的废气必须符合环境保护的排放标准，以防止环境污染。

6.2.3　设备的主要技术数据

① 喷雾干燥器（玻璃制品）由雾化器、干燥室、产品回收系统、供料及热风系统五部分组成。

喷雾干燥室直径：$\phi200mm\times2.5mm$　　总高度：750mm。

喷嘴：气流式。

旋风分离器及产品回收瓶。

供料泵：蠕动泵 YZ1515X。

热风系统：旋涡式气泵型号 XGB-12。预热器：电阻丝加热，通过调节电压控制温度。

② 物料：洗衣粉 $1.0\sim1.6mm$ 粒径。

每次实验用量：$100\sim200g$（加水量 600mL 左右）。

③ 附属设备。

a. 空气流量测定：转子流量计，LZB-40　$4\sim40m^3/h$。

b. 数字温度显示仪：型号 PT-139　规格：0～550℃。

c. 空气压缩机。

6.2.4　实验流程

喷雾干燥装置及流程如图 6-4 所示。

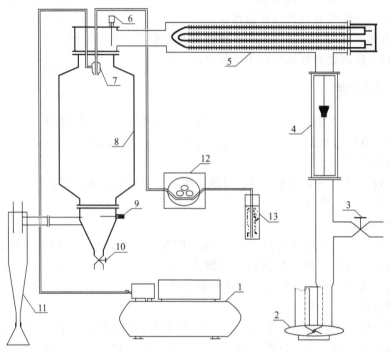

图 6-4　喷雾干燥装置及流程

1—空气压缩机；2—风机；3—空气流量调节阀；4—空气转子流量计；5—空气换热器；6—空气进口测温；
7—喷雾器；8—干燥室；9—空气出口测温；10—排空阀；11—旋风分离器；12—进料泵；13—料罐

实验设备的特点：

① 本实验属演示实验。其主要目的是让学生了解和掌握湿物料连续喷雾干燥的原理方法和操作方法。能定性地观察旋风分离器内，径向上的静压强分布和分离器底部出灰口等处出现负压的情况，引导学生认识出灰口和集尘室密封良好的必要性。

② 主体设备全透明，实验过程中可清晰地观察颗粒的流化状况。选用洗衣粉作物料，使干燥情况更直观、形象。

③ 装置小型化，选用新型旋涡气泵，能耗低、噪声小，且便于学生动手操作。

6.2.5　演示操作

① 打开电源，利用进料泵先进少量清水观察雾化器喷头出水是否顺畅。

② 启动鼓风机，调节流量在 35m³/h 左右，打开加热开关调节电压为 130V，后随空气进口温度的升高再适当调节，但电压不要超过 200V。

③ 打开压缩机压缩空气备用，在温度逐渐升高时要持续进水，进水量为泵表显示在 5～10 之间即可。目的是防止进料管温度过高后再进料时，料液瞬时汽化反喷出来。

④ 在空气进口温度升到 280℃ 左右时即可将料罐中的清水换成洗衣粉悬乳液，正式进物

料（进料量为进料泵表显示在 13～16 之间），同时打开压缩机的出气阀释放压缩的气体进入喷嘴，使物料在喷出时瞬时雾化，并蒸发掉水分形成细小的粉粒，由旋风分离器分离出来，在三角瓶中回收。（空气进口的温度一般定为 300℃）。

⑤ 实验结束后，先将电压调到零再关闭加热开关，将进料换成清水持续进水 5min 后关闭，目的是防止残留的物料在进料管中凝结，堵塞喷口。

⑥ 在干燥器表面不热时，利用进料泵大量进水（即进料泵表显示最大值 100），同时通入压缩气体，使水雾化并凝结在干燥器上形成水流以达到清洗干燥器的目的。同时打开干燥器底端的放空阀排掉污水。

第7章 过程工程原理仿真实验

7.1 精馏实验 3D 仿真实验

7.1.1 实验目的

① 充分利用计算机采集和控制系统具有的快速、大容量和实时处理的特点，进行精馏过程多实验方案的设计，并进行实验验证，得出实验结论，以掌握实验研究的方法。

② 学会识别精馏塔内出现的几种操作状态，并分析这些操作状态对塔性能的影响。

③ 学习精馏塔性能参数的测量方法，并掌握其影响因素。

④ 测定精馏过程的动态特性，提高学生对精馏过程的认识。

7.1.2 实验原理

在板式精馏塔中，由塔釜产生的蒸汽沿塔板逐板上升，与来自塔板下降的回流液在塔板上实现多次接触，进行传热与传质，使混合液达到一定程度的分离。回流是精馏操作得以实现的基础。塔顶的回流量与采出量之比，称为回流比。回流比存在两种极限情况：最小回流比和全回流。若塔在最小回流比下操作，要完成分离任务，则需要有无穷多块塔板的精馏塔。当然，这不符合工业实际，所以最小回流比只是一个操作限度。操作处于全回流时，既无任何产品采出，也无原料加入，塔顶的冷凝液全部返回塔内，这在生产中无实际意义。但是，由于此时所需理论塔板数最少，易于达到稳定，故常在工业装置的开停车、排除故障及科学研究时使用。实际回流比常取最小回流比的 1.2~2.0 倍。在精馏操作中，若回流系统出现故障，操作情况会急剧恶化，分离效果也会变坏。

对于二元物系，如已知其气液平衡数据，则根据精馏塔的原料液组成、进料热状况、操作回流比及塔顶馏出液组成、塔底釜液组成可以求出该塔的理论板数 N_T。按照下式可以得到总板效率 E_T，其中 N_P 为实际塔板数。

$$E_T = \frac{N_T}{N_P} \times 100\% \tag{7-1}$$

部分回流时，进料热状况参数的计算式为

$$q = \frac{C_{pm}(t_{BP} - t_F) + r_m}{r_m} \tag{7-2}$$

式中　t_F——进料温度，℃；

t_{BP}——进料的泡点温度，℃；

C_{pm}——进料液体在平均温度 $(t_F + t_P)/2$ 下的比热容，kJ/(kmol·℃)；

r_m——进料液体在其组成和泡点温度下的汽化潜热，kJ/kmol。

$$C_{pm} = C_{p1}M_1x_1 + C_{p2}M_2x_2 \tag{7-3}$$

$$r_m = r_1M_1x_1 + r_2M_2x_2 \tag{7-4}$$

式中　C_{p1}，C_{p2}——纯组分 1 和组分 2 在平均温度下的比热容，kJ/(kg·℃)；

r_1，r_2——纯组分 1 和组分 2 在泡点温度下的汽化潜热，kJ/kg；

M_1，M_2——纯组分 1 和组分 2 的摩尔质量，kg/kmol；

x_1，x_2——纯组分 1 和组分 2 在进料中的分率。

7.1.3　软件操作

7.1.3.1　软件运行界面

3D 场景仿真系统运行界面如图 7-1 所示。

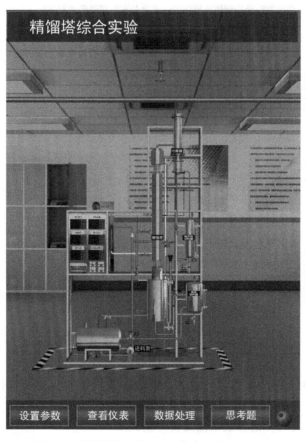

图 7-1　精馏塔综合实验 3D 仿真实验运行界面

操作质量评分系统运行界面如图 7-2、图 7-3 所示。

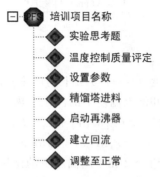

图 7-2　精馏塔综合实验操作质量评分系统运行界面一

	ID	步骤描述	得分
●	S0	思考题1.精馏段与提馏段的理论板的数量关系如何?	0.0
●	S1	思考题2.当采用冷液进料时,进料热状况q值?	0.0
●	S2	思考题3.精馏塔塔身伴热的目的是?	0.0
●	S3	思考题4.全回流操作的特点有?	0.0
●	S4	思考题5.全回流稳定操作中,温度分布与哪些因素有关?	0.0
●	S5	思考题6.冷料回流对精馏操作的影响为?	0.0
●	S6	思考题7.在正常操作下,影响精馏塔全效率的因素是?	0.0
●	S7	思考题8.精馏塔的常压操作是怎样实现的?	0.0
●	S8	思考题9.下面哪个有关塔内上升气速对精馏操作影响的说法…	0.0
●	S9	思考题10.下面哪个有关控制塔釜液面高度的目的的说法是错…	0.0
●	S10	思考题11.增大回流比R,其他操作条件不变,则釜残液组成X_w?	0.0
●	S11	思考题12.全回流在生产中的意义在于?	0.0
●	S12	思考题13.对于饱和蒸汽进料,L'与L的关系?	0.0
●	S13	思考题14.对于饱和蒸汽进料,V'与V的关系?	0.0
●	S14	思考题15.精馏塔中由塔顶向下的第$n-1$,n,$n+1$层塔板,其…	0.0
●	S15	思考题16.若进料量、进料组成、进料热状况都不变,要提高…	0.0
●	S16	思考题17.在精馏操作中,若进料位置过高,会造成?	0.0
●	S17	思考题18.精馏塔采用全回流时,其两操作线?	0.0
●	S18	思考题19.精馏的两操作线都是直线,主要是基于?	0.0
●	S19	思考题20.精馏操作时,增大回流比R,其他操作条件不变,…	0.0

图 7-3　精馏塔综合实验操作质量评分系统运行界面二

　　操作者主要在 3D 场景仿真界面中进行操作,根据任务提示进行操作;实验操作简介界面可以查看软件特点介绍、实验原理简介、视野调整简介、移动方式简介和设备操作简介;评分界面可以查看实验任务的完成情况及得分情况。

7.1.3.2　3D 场景仿真系统介绍

　　本软件的 3D 场景以过程工程原理实验室为蓝本进行仿真。

（1）移动方式

① 按住 WSAD 键可控制当前角色向前后左右移动。

② 点击 R 键可控制角色进行走、跑切换。

（2）视野调整

软件操作视角为第一人称视角，即代入了当前控制角色的视角。所能看到的场景都是由
系统摄像机来拍摄。按住鼠标左键在屏幕上向左或向右
拖动，可调整操作者视野向左或是向右，相当于左扭头
或右扭头的动作。按住鼠标左键在屏幕上向上或向下拖
动，可调整操作者视野向上或是向下，相当于抬头或低
头的动作。按下键盘空格键即可实现全局场景俯瞰视角
和人物当前视角的切换。

（3）任务系统

① 点击运行界面右上角的任务提示按钮即可打开任
务系统。

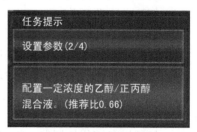

图 7-4　精馏塔综合实验
任务提示示意图

任务提示示意图如图 7-4 所示。

② 任务系统界面左侧是任务列表，右侧是任务的具体步骤，任务名称后边标有已完成
任务步骤的数量和任务步骤的总数量。当某任务步骤完成时，该任务步骤会出现对号表示完
成，同时已完成任务步骤的数量也会发生变化。任务列表示意图如图 7-5、图 7-6 所示。

图 7-5　精馏塔综合实验任务列表示意图一

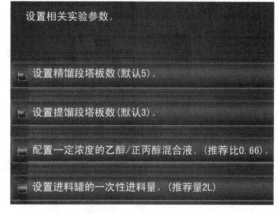

图 7-6　精馏塔综合实验任务列表示意图二

（4）阀门操作/查看仪表

当控制角色移动到目标阀门或仪表附近时，鼠标悬停在该物体上，此物体会闪烁，说明
可以进行操作。

① 左键双击闪烁物体，可进入操作界面，切换到阀门/仪表近景。

② 在界面上有相应的设备操作面板或实时数据显示，如液位、压力。

③ 点击界面右上角关闭标识即可关闭界面。

7.1.4　实验步骤

7.1.4.1　设置参数

① 设置精馏段塔板数（默认 5）。

② 设置提馏段塔板数（默认 3）。

③ 配置一定浓度的乙醇/正丙醇混合液。（推荐比 0.66）

④ 设置进料罐的一次性进料量。（推荐量 2L）

7.1.4.2　精馏塔进料

① 连续点击"进料"按钮，进料罐开始进料，直到罐内液位达到 70% 以上。

② 打开总电源开关。

③ 打开进料泵 P101 的电源开关，启动进料泵。

④ 在"查看仪表"中设定进料泵功率，将进料流量控制器的 OP 值设为 50%。

⑤ 打开进料阀门 V106，开始进料。

⑥ 在"查看仪表"中设定预热器功率，将进料温度控制器的 OP 值设为 60%，开始加热。

⑦ 打开塔釜液位控制器，控制液位在 70%～80% 之间。

7.1.4.3　启动再沸器

① 打开阀门 PE103，将塔顶冷凝器内通入冷却水。

② 打开塔釜加热电源开关。

③ 设定塔釜加热功率，将塔釜温度控制器的 OP 值设为 50%。

7.1.4.4　建立回流

① 打开回流比控制器电源。

② 在"查看仪表"中打开回流比控制器，将回流值设为 20。

③ 将采出值设为 5，即回流比控制在 4。

④ 在"查看仪表"中将塔釜温度控制器的 OP 值设为 60%，加大蒸出量。

⑤ 将塔釜液位控制器的 OP 值设为 10% 左右，控制塔釜液位在 50% 左右。

7.1.4.5　调整至正常

① 进料温度稳定在 95.3℃ 左右时，将控制器设自动，将 SP 值设为 95.3℃。

② 塔釜液位稳定在 50% 左右时，将控制器设自动，将 SP 值设为 50%。

③ 塔釜温度稳定在 90.5℃ 左右时，将控制器设自动，将 SP 值设为 90.5℃。

④ 保持稳定操作几分钟，取样记录分析组分成分。

7.2 恒压过滤实验 3D 仿真实验

7.2.1 实验目的

① 了解板框过滤机的结构，掌握其操作方法；
② 测定恒压过滤操作时的过滤常数 K、q_e、θ_e。

7.2.2 实验原理

过滤过程是将悬浮液送至过滤介质的一侧，在其上维持比另一侧较高的压力，液体通过介质成为滤液，固体粒子则被截留逐渐形成滤饼。过滤速率由过滤压强差及过滤阻力决定。过滤阻力由滤布和滤饼两部分组成。因为滤饼厚度随着时间而增加，所以恒压过滤速率随着时间而降低。对于不可压缩滤饼，过滤速率可表示为

$$\frac{dq}{d\tau}=\frac{K}{2(q+q_e)} \tag{7-5}$$

$$q_e=V_e/A$$

式中 V_e——阻力相等的滤饼层所得滤液量，m^3；

  A——过滤面积，m^2；

  q——τ 时间内单位面积的累计滤液量，m^3/m^2；

  K——过滤常数，m^2/s；

  τ——过滤时间，s。

恒压过滤时，将上述微分方程积分得：

$$q^2+2qq_e=K\tau \tag{7-6}$$

（1）过滤常数 q_e 的测定方法

将式(7-5) 进行变换可得

$$\frac{\tau}{q}=\frac{1}{K}q+\frac{2}{K}q_e \tag{7-7}$$

以 τ/q 为纵坐标，q 为横坐标作图，可得一直线，直线的斜率为 $1/K$，截距为 $2q_e/K$。在不同的过滤时间 τ，记取单位过滤面积所得的滤液量 q，由式(7-7) 便可求出 K 和 q_e。

若在恒压过滤之前的 τ_1 时间内已通过单位过滤面积的滤液 q_1，则在 τ_1 至 τ 及 q_1 至 q 范围内将式(7-5) 积分，整理后得

$$\frac{\tau-\tau_1}{q-q_1}=\frac{1}{K}(q-q_1)+\frac{2}{K}(q_1+q_e) \tag{7-8}$$

$\frac{\tau-\tau_1}{q-q_1}$ 与 $q-q_1$ 之间为线性关系，同样可求出 K 和 q_e。

（2）洗涤速率与最终过滤速率的测定

在一定的压强下，洗涤速率是恒定不变的，因此它的测定比较容易。它可以在水量流出正常后开始计量，计量多少也可根据需要决定。洗涤速率 $\left(\frac{dV}{dr}\right)_w$ 为单位时间所得的洗液量：

$$\left(\frac{dV}{dr}\right)_w=\frac{V_w}{\tau_w} \tag{7-9}$$

式中 V_w——洗液量，m^3；

τ_w——洗涤时间，s。

V_w、τ_w 均由实验测得，即可算出 $\left(\dfrac{dV}{dr}\right)_w$。

最终过滤速率的测定是比较困难的，因为它是一个变数。为使测得结果比较准确，建议过滤操作进行到滤框全部被滤渣充满以后再停止。根据恒压过滤基本方程，恒压过滤最终速率为

$$\left(\frac{dV}{dr}\right)_B = \frac{KA^2}{2(V+V_e)} = \frac{KA}{2(q+q_e)} \tag{7-10}$$

式中 $\left(\dfrac{dV}{dr}\right)_B$——最终去除速率；

V——整个过滤时间 τ 内所得的滤液总量；

q——整个过滤时间 τ 内通过单位过滤面积所得的滤液总量。

7.2.3　软件操作

7.2.3.1　软件运行界面

3D 场景仿真系统运行界面如图 7-7 所示。

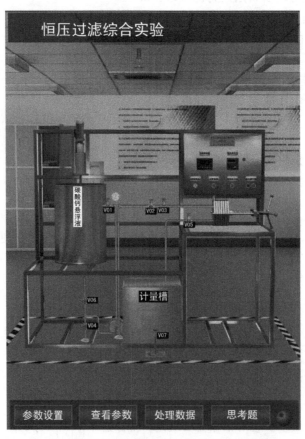

图 7-7　恒压过滤综合实验 3D 仿真实验运行界面

操作质量评分系统运行界面如图 7-8、图 7-9 所示。

操作者主要在 3D 场景仿真界面中进行操作，根据任务提示进行操作；实验操作简介界

图 7-8　恒压过滤综合实验操作质量评分系统运行界面一

	ID	步骤描述	得分
●	S0	思考题1. 滤饼过滤中，过滤介质常用多孔织物，其网孔尺寸和…	0.0
●	S1	思考题2. 当操作压力增大一倍，K的值如何变化？	0.0
●	S2	思考题3. 深层过滤中，固体颗粒尺寸与介质空隙的关系？	0.0
●	S3	思考题4. 不可压缩滤饼是指？	0.0
●	S4	思考题5. 助滤剂是什么形状的颗粒？	0.0
●	S5	思考题6. 板框过滤的推动力为？	0.0
●	S6	思考题7. 如果测量用的秒表偏慢，则所测得的K值将？	0.0
●	S7	思考题8. 用本实验装置对清水过滤，则测得曲线为？	0.0
●	S8	思考题9. 如果滤布没有清洗干净，则所测得的q_e值？	0.0
●	S9	思考题10. 在板框过滤过程中，过滤阻力主要是？	0.0
●	S10	思考题11. 本实验中，液体在滤饼内细微孔道中的流动是？	0.0
●	S11	思考题12. 实验开始阶段得到的滤液通常混浊，可能因为？	0.0
●	S12	思考题13. 一定压差下，滤液通过速率随过滤时间延长而？	0.0
●	S13	思考题14. 实验中需要保持压缩空气压强稳定的目的？	0.0
●	S14	思考题15. 下面哪个说法是正确的？	0.0
●	S15	思考题16. 过滤介质阻力忽略不计，滤饼不可压缩进行恒速过…	0.0
●	S16	思考题17. 恒压过滤，介质阻力不计，过滤压差增大一倍时…	0.0
●	S17	思考题18. 下面有关板框压滤机的哪个说法是正确的？	0.0
●	S18	思考题19. 颗粒的沉降速度不是指？	0.0
●	S19	思考题20. 自由沉降的意思是？	0.0

图 7-9　恒压过滤综合实验操作质量评分系统运行界面二

面可以查看软件特点介绍、实验原理简介、视野调整简介、移动方式简介和设备操作简介；评分界面可以查看实验任务的完成情况及得分情况。

7.2.3.2　3D 场景仿真系统介绍

本软件的 3D 场景以过程工程原理实验室为蓝本进行仿真。

（1）移动方式

① 按住 WSAD 键可控制当前角色向前后左右移动。

② 点击 R 键可控制角色进行走、跑切换。

（2）视野调整

软件操作视角为第一人称视角，即代入了当前控制角色的视角。所能看到的场景都是由系统摄像机来拍摄。按住鼠标左键在屏幕上向左或向右拖动，可调整操作者视野向左或是向

图7-10　恒压过滤综合实验
任务提示示意图

右，相当于左扭头或右扭头的动作。按住鼠标左键在屏幕上向上或向下拖动，可调整操作者视野向上或是向下，相当于抬头或低头的动作。按下键盘空格键即可实现全局场景俯瞰视角和人物当前视角的切换。

（3）任务系统

① 点击运行界面右上角的任务提示按钮即可打开任务系统。

任务提示示意图如图7-10所示。

② 任务系统界面左侧是任务列表，右侧是任务的具体步骤，任务名称后边标有已完成任务步骤的数量和任务步骤的总数量。当某任务步骤完成时，该任务步骤会出现对号表示完成，同时已完成任务步骤的数量也会发生变化。任务列表示意图如图7-11、图7-12所示。

图7-11　恒压过滤综合实验
任务列表示意图一

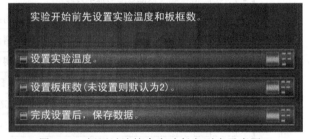

图7-12　恒压过滤综合实验任务列表示意图二

（4）阀门操作/查看仪表

当控制角色移动到目标阀门或仪表附近时，鼠标悬停在该物体上，此物体会闪烁，说明可以进行操作。

① 左键双击闪烁物体，可进入操作界面，切换到阀门/仪表近景。

② 在界面上有相应的设备操作面板或实时数据显示，如液位、压力。

③ 点击界面右上角关闭标识即可关闭界面。

7.2.4　实验步骤

7.2.4.1　设置参数

① 设置实验温度。

② 设置板框数（未设置则默认为2）。

③ 完成设置后，保存数据。

7.2.4.2　实验一

① 打开总电源开关。

② 打开搅拌器开关。

③ 调节搅拌器转速大于 500。

④ 打开旋涡泵前阀 V06。

⑤ 打开旋涡泵电源开关。

⑥ 全开阀门 V01，建立回流。

⑦ 观察泵后压力表示数，等待指针稳定。

⑧ 压力表稳定后，打开过滤入口阀 V03。

⑨ 压紧板框。

⑩ 打开过滤出口阀 V05。

⑪ 步骤 A：滤液流出时开始计时，液面高度每上升 10cm 记录一次数据。

⑫ 重复进行步骤 A，记录 8 组数据。

⑬ 当每秒滤液量接近 0 时停止计时。

7.2.4.3 实验二

① 关闭过滤入口阀 V03。

② 打开阀门 V07，把计量槽内的滤液放空。

③ 等待滤液放空。

④ 关闭阀门 V07。

⑤ 卸渣清洗。

⑥ 调节阀门 V01 的开度，改变过滤压力。

⑦ 做几组平行实验。

7.2.4.4 实验结束清洗装置

① 实验结束后，打开自来水阀门 V04。

② 打开阀门 V02，对泵及滤浆进出口管进行冲洗。

③ 关闭阀门 V01。

7.3 正交实验法在过滤实验中的应用实验

7.3.1 实验目的

① 掌握恒压过滤常数 K、q_e、θ_e 的测定方法，加深对 K、q_e、θ_e 的概念和影响因素的理解。

② 学习滤饼的压缩性指数 s 和物料常数 k 的测定方法。

③ 学习 $\dfrac{\mathrm{d}\theta}{\mathrm{d}q}$-$q$ 一类关系的实验确定方法。

④ 学习用正交实验法来安排实验，达到最大限度地减小实验工作量的目的。

⑤ 学习对正交实验法的实验结果进行科学的分析，分析出每个因素重要性的大小，指出试验指标随各因素变化的趋势，了解适宜操作条件的确定方法。

7.3.2 实验原理

过滤是利用过滤介质进行液-固系统分离的过程，过滤介质通常采用多毛细孔的物质如帆布、毛毡、多孔陶瓷等。含有固体颗粒的悬浮液在一定压力的作用下使液体通过过滤介质，固体颗粒则被截留在介质表面上，从而使液固两相分离。

在过滤过程中，由于固体颗粒不断地被截留在介质表面上，滤饼厚度增加，液体流过固体颗粒之间的孔道加长，从而使流体流动阻力增加。故恒压过滤时，过滤速率逐渐下降。随着过滤进行，若得到相同的滤液量，则过滤时间增加。

恒压过滤方程

$$2(q+q_e)=K(\tau+\tau_e) \tag{7-11}$$

式中　q——单位过滤面积获得的滤液体积，$\mathrm{m^3/m^2}$；

　　　q_e——单位过滤面积上的虚拟滤液体积，$\mathrm{m^3/m^2}$

　　　τ——实际过滤时间，s；

　　　τ_e——虚拟过滤时间，s；

　　　K——过滤常数，$\mathrm{m^2/s}$。

将式(7-11)进行微分可得：

$$\frac{\mathrm{d}\tau}{\mathrm{d}q}=\frac{2}{K}q+\frac{2}{K}q_e \tag{7-12}$$

这是一个直线方程式，于普通坐标上标绘 $\dfrac{\mathrm{d}\tau}{\mathrm{d}q}$-$q$ 的关系，可得直线。其斜率为 $\dfrac{2}{K}$，截距为 $\dfrac{2}{K}q_e$，从而求出 K、q_e。至于 τ_e 可由下式求出：

$$q_e^2=K\tau_e \tag{7-13}$$

当各数据点的时间间隔不大时，$\dfrac{\mathrm{d}\tau}{\mathrm{d}q}$ 可用增量之比 $\dfrac{\Delta\tau}{\Delta q}$ 来代替。

在本实验装置中，若在计量瓶中收集的滤液量达到 100mL 时作为恒压过滤时间的零点，那么，在此之前从真空吸滤器出口到计量瓶之间的管线中已有的滤液再加上计量瓶中 100mL 滤液，这两部分滤液可视为常量（用 q' 表示），这些滤液对应的滤饼视为过滤介质以外的另一层过滤介质。在整理数据时，应考虑进去，则方程式（7-12）变为：

$$\frac{\Delta \tau}{\Delta q}=\frac{2}{K}q+\frac{2}{K}(q_e+q') \qquad (7\text{-}14)$$

$$q'=\frac{V'}{A}\text{（各套 }V'\text{为 }200\text{mL}）$$

过滤常数的定义式：$K=2k\Delta p^{1-s}$

两边取对数 $\lg K=(1-s)\lg \Delta p+\lg(2k)$

因 $k=\dfrac{1}{\mu r' v}=$ 常数，故 K 与 Δp 的关系在对数坐标上标绘时应是一条直线，直线的斜率为 $1-s$，由此可得滤饼的压缩性指数 s，可求物料特性常数 k。

7.3.3　软件操作

7.3.3.1　软件运行界面

3D 场景仿真系统运行界面如图 7-13 所示。

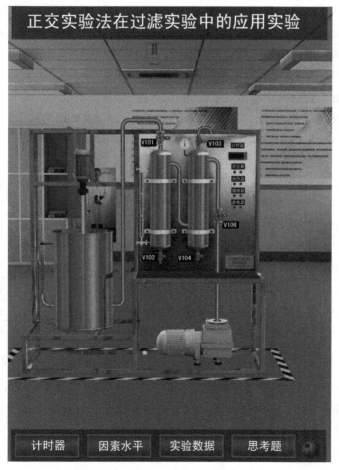

图 7-13　正交实验法在过滤实验中的应用实验 3D 仿真实验运行界面

操作质量评分系统运行界面如图 7-14、图 7-15 所示。

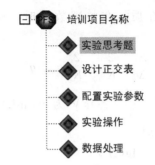

图 7-14　正交实验法在过滤实验中的应用实验操作质量评分系统运行界面一

	ID	步骤描述	得分
●	S0	思考题1. 滤饼过滤中，过滤介质常用多孔织物，其网孔尺寸和…	0.0
●	S1	思考题2. 当操作压力增大一倍，K的值如何变化？	0.0
●	S2	思考题3. 深层过滤中，固体颗粒尺寸与介质空隙的关系？	0.0
●	S3	思考题4. 不可压缩滤饼是指？	0.0
●	S4	思考题5. 助滤剂是什么形状的颗粒？	0.0
●	S5	思考题6. 板框过滤的推动力为？	0.0
●	S6	思考题7. 如果测量用的秒表偏慢，则所测得的K值将？	0.0
●	S7	思考题8. 用本实验装置对清水过滤，则测得曲线为？	0.0
●	S8	思考题9. L9(3＾4)正交表能进行以下哪个实验？	0.0
●	S9	思考题10. 每次实验后是否需要把滤液、滤饼放回浆槽中？	0.0
●	S10	思考题11. 本实验中，液体在滤饼内细微孔道中的流动是？	0.0
●	S11	思考题12. 实验开始阶段得到的滤液通常混浊，可能因为？	0.0
●	S12	思考题13. 一定压差下，滤液通过速率随过滤时间延长而？	0.0
●	S13	思考题14. 本次正交试验中涉及的因素有几个？	0.0
●	S14	思考题15. 本实验中压强差这个因素是几水平因素？	0.0
●	S15	思考题16. 在正交试验设计中，实验指标是什么？	0.0
●	S16	思考题17. 正交试验设计中，定量因素水平的间距是否要相等？	0.0
●	S17	思考题18. L8(2＾7)中的7代表什么？	0.0
●	S18	思考题19. 以下不属于简单比较法的缺点的是？	0.0
●	S19	思考题20. 以下哪个不是正交试验(表)法的特点？	0.0

图 7-15　正交实验法在过滤实验中的应用实验操作质量评分系统运行界面二

操作者主要在 3D 场景仿真界面中进行操作，根据任务提示进行操作；实验操作简介界面可以查看软件特点介绍、实验原理简介、视野调整简介、移动方式简介和设备操作简介；评分界面可以查看实验任务的完成情况及得分情况。

7.3.3.2　3D 场景仿真系统介绍

本软件的 3D 场景以过程工程原理实验室为蓝本进行仿真。

（1）移动方式

① 按住 WSAD 键可控制当前角色向前后左右移动。

② 点击 R 键可控制角色进行走、跑切换。

（2）视野调整

软件操作视角为第一人称视角，即代入了当前控制角色的视角。所能看到的场景都是由系统摄像机来拍摄。按住鼠标左键在屏幕上向左或向右拖动，可调整操作者视野向左或是向右，相当于左扭头或右扭头的动作。按住鼠标左键在屏幕上向上或向下拖动，可调整操作者视野向上或是向下，相当于抬头或低头的动作。按下键盘空格键即可实现全局场景俯瞰视角和人物当前视角的切换。

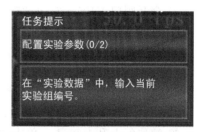

（3）任务系统

① 点击运行界面右上角的任务提示按钮即可打开任务系统。

任务提示示意图如图 7-16 所示。

② 任务系统界面左侧是任务列表，右侧是任务的具

图 7-16　正交实验法在过滤实验中的
应用实验任务提示示意图

体步骤，任务名称后边标有已完成任务步骤的数量和任务步骤的总数量。当某任务步骤完成时，该任务步骤会出现对号表示完成，同时已完成任务步骤的数量也会发生变化。任务列表示意图如图 7-17、图 7-18 所示。

图 7-17　正交实验法在过滤实验中的
应用实验任务列表示意图一

图 7-18　正交实验法在过滤实验中的
应用实验任务列表示意图二

（4）阀门操作/查看仪表

当控制角色移动到目标阀门或仪表附近时，鼠标悬停在该物体上，此物体会闪烁，说明可以进行操作。

① 左键双击闪烁物体，可进入操作界面，切换到阀门/仪表近景。

② 在界面上有相应的设备操作面板或实时数据显示，如液位、压力。

③ 点击界面右上角关闭标识即可关闭界面。

7.3.4　实验步骤

7.3.4.1　设计正交表

单击"配置正交表"按钮，设计选择正交表。

7.3.4.2　配置实验参数

① 在"实验数据"中输入当前实验组编号。

② 在"因素水平"中配置选择滤浆浓度和过滤介质。

7.3.4.3 实验操作

① 开启总电源。

② 启动搅拌器。

③ 启动真空泵。

④ 全开阀门 V105，对缓冲罐进行抽真空。

⑤ 打开阀门 V103。

⑥ 将缓冲罐的压力 PI101 调节到指定值。

⑦ 启动加热器。

⑧ 确定达到当前实验号的操作条件后，打开阀门 V101，开始抽滤。

⑨ 当计量罐的液位快到 90mL 时，打开计时器开始计时。

⑩ 液位每上升 100mL，单击"快照"按钮，记录一次数据。

⑪ 一组实验记录 8 个数据点。

⑫ 暂停计时器。

⑬ 做完该组实验后，关闭阀门 V101。

⑭ 点击"记录数据"按钮，将数据记录到原始数据表中。

⑮ 单击"数据复位"按钮，将当前数据复位。

⑯ 重复配置实验参数和实验操作这两大步骤，完成所有实验。

⑰ 请完成最后一组实验。

7.3.4.4 数据处理

按照提示进行数据处理。

7.4　干燥速率曲线测定实验

7.4.1　实验目的

① 熟悉洞道式干燥器的构造和操作。

② 测定在恒定干燥条件下的湿物料干燥曲线和干燥速率曲线。

7.4.2　实验原理

将湿物料置于一定的干燥条件下，测定被干燥物料的质量和温度随时间变化的关系，可得到物料含水量（X）与时间（τ）的关系曲线及物料温度（θ）与时间（τ）的关系曲线。物料含水量与时间关系曲线的斜率即为干燥速率（u）。将干燥速率对物料含水量作图，即为干燥速率曲线。干燥速率曲线如图 7-19 所示。物料含水量（X）与时间（τ）的关系曲线如图 7-20 所示。

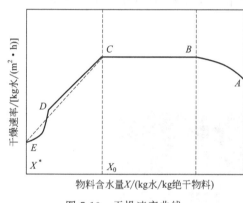

图 7-19　干燥速率曲线

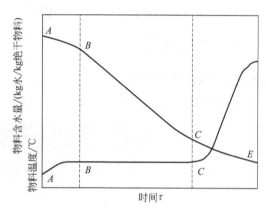

图 7-20　物料含水量（X）与时间（τ）的关系曲线

干燥过程可分为以下三个阶段。

（1）物料预热阶段（AB 段）

在开始干燥时，有一较短的预热阶段，空气中部分热量用来加热物料，物料含水量随时间变化不大。

（2）恒速干燥阶段（BC 段）

由于物料表面存在自由水分，物料表面温度等于空气的湿球温度，传入的热量只用来蒸发物料表面的水分，物料含水量随时间成比例减少，干燥速率恒定且最大。

（3）降速干燥阶段（CDE 段）

物料含水量减少到某一临界含水量（X_0），由于物料内部水分的扩散慢于物料表面的蒸发，不足以维持物料表面保持湿润而形成干区，干燥速率开始降低，物料温度逐渐上升。物料含水量越小，干燥速率越慢，直至达到平衡含水量（X^*）而终止。

干燥速率为单位时间在单位面积上汽化的水分量，用微分式表示为：

$$u = \frac{\mathrm{d}W}{A\,\mathrm{d}\tau}$$

(7-15)

式中　u——干燥速率，kg 水 /（$m^2 \cdot s$）；

A——干燥表面积，m^2；

$d\tau$——相应的干燥时间，s；

dW——汽化的水分量，kg。

图中的横坐标 X 为对应于某干燥速率下的物料平均含水量

$$\overline{X} = \frac{X_i - X_{i+1}}{2} \tag{7-16}$$

式中　$\overline{X}$——某一干燥速率下湿物料的平均含水量；

X_i，X_{i+1}——$\Delta\tau$ 时间间隔内开始和终了时的含水量，kg 水/kg 绝干物料。

$$X_i = \frac{G_{si} - G_{ci}}{G_{ci}} \tag{7-17}$$

式中　G_{si}——第 i 时刻取出的湿物料的质量，kg；

　　　G_{ci}——第 i 时刻取出的物料的绝干质量，kg。

干燥速率曲线只能通过实验测定，因为干燥速率不仅取决于空气的性质和操作条件，而且还受物料性质结构及含水量的影响。本实验装置为间歇操作的沸腾床干燥器，可测定达到一定干燥要求所需的时间，为工业上连续操作的流化床干燥器提供相应的设计参数。

7.4.3　软件操作

7.4.3.1　软件运行界面

3D 场景仿真系统运行界面如图 7-21 所示。

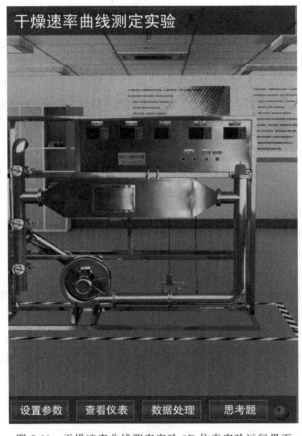

图 7-21　干燥速率曲线测定实验 3D 仿真实验运行界面

操作质量评分系统运行界面如图7-22、图7-23所示。

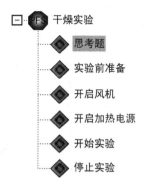

图 7-22　干燥速率曲线测定实验操作质量评分系统运行界面一

	ID	步骤描述	得分
●	S0	思考题1. 空气湿度一定时，相对湿度ϕ与温度T的关系是：	0.0
●	S1	思考题2. 临界含水量与平衡含水量的关系是：	0.0
●	S2	思考题3. 干燥速率曲线分为几个阶段？	0.0
●	S3	思考题4. 干燥速率是：	0.0
●	S4	思考题5. 当某种物料的衡算干燥段不易测定时，可采用什么办法解决？	0.0
●	S5	思考题6. 若加大热空气流量，干燥速率曲线有何变化？	0.0
●	S6	思考题7. 本实验装置采用部分干燥介质(空气)循环使用的方法是…	0.0
●	S7	思考题8. 本实验中空气加热器出入口相对湿度之比等于什么？	0.0
●	S8	思考题9. 物料在一定干燥条件下的临界干基含水率为：	0.0
●	S9	思考题10. 实验过程中先启动风机还是先启动加热器？	0.0
●	S10	思考题11. 影响干燥速率的因素有哪些？	0.0
●	S11	思考题12. 若本实验中干燥室不向外界散热，则入口和出口处空气的…	0.0
●	S12	思考题13. 若提高进口空气的湿度则干燥速率？	0.0
●	S13	思考题14. 下列关于干燥速率u的说法正确的是：	0.0
●	S14	思考题15. 下列条件中哪些有利于干燥过程进行？	0.0
●	S15	思考题16. 干燥室不向外界环境散热时，通过干燥室的空气将经历…	0.0
●	S16	思考题17. 影响恒速干燥过程的因素有哪些？	0.0
●	S17	思考题18. 什么是恒定干燥条件？	0.0
●	S18	思考题19. 等式$(t-t_w)a/r=k^{\hat{}}(H_w-H)$在什么条件下成立？	0.0
●	S19	思考题20. 本实验中如果湿球温度计指示温度升高了，可能的原因有：	0.0

图 7-23　干燥速率曲线测定实验操作质量评分系统运行界面二

操作者主要在 3D 场景仿真界面中进行操作，根据任务提示进行操作；实验操作简介界面可以查看软件特点介绍、实验原理简介、视野调整简介、移动方式简介和设备操作简介；评分界面可以查看实验任务的完成情况及得分情况。

7.4.3.2　3D 场景仿真系统介绍

本软件的 3D 场景以过程工程原理实验室为蓝本进行仿真。

（1）移动方式

① 按住 WSAD 键可控制当前角色向前后左右移动。

② 点击 R 键可控制角色进行走、跑切换。

（2）视野调整

软件操作视角为第一人称视角，即代入了当前控制角色的视角。所能看到的场景都是由系统摄像机来拍摄。按住鼠标左键在屏幕上向左或向右拖动，可调整操作者视野向左或是向

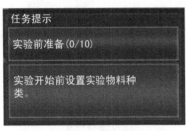

图 7-24　干燥速率曲线测定实验
任务提示示意图

右，相当于左扭头或右扭头的动作。按住鼠标左键在屏幕上向上或向下拖动，可调整操作者视野向上或是向下，相当于抬头或低头的动作。按下键盘空格键即可实现全局场景俯瞰视角和人物当前视角的切换。

（3）任务系统

① 点击运行界面右上角的任务提示按钮即可打开任务系统。

任务提示示意图如图 7-24 所示。

② 任务系统界面左侧是任务列表，右侧是任务的具体步骤，任务名称后边标有已完成任务步骤的数量和任务步骤的总数量。当某任务步骤完成时，该任务步骤会出现对号表示完成，同时已完成任务步骤的数量也会发生变化。任务列表示意图如图 7-25、图 7-26 所示。

图 7-25　干燥速率曲线测定实验
任务列表示意图一

图 7-26　干燥速率曲线测定实验
任务列表示意图二

（4）阀门操作/查看仪表

当控制角色移动到目标阀门或仪表附近时，鼠标悬停在该物体上，此物体会闪烁，说明可以进行操作。

① 左键双击闪烁物体，可进入操作界面，切换到阀门/仪表近景。

② 在界面上有相应的设备操作面板或实时数据显示，如液位、压力。

③ 点击界面右上角关闭标识即可关闭界面。

7.4.4　实验步骤

7.4.4.1　实验前准备

① 实验开始前设置实验物料种类。

② 记录支架重量。

③ 记录干物料重量。

④ 记录浸水后的物料重量。

⑤ 记录空气温度。

⑥ 记录环境湿度。

⑦ 输入大气压力。

⑧ 输入孔板流量计孔径。

⑨ 输入湿物料面积。

⑩ 设置参数完成后，记录数据。

7.4.4.2　开启风机

① 打开风机进口阀门 V12。

② 打开出口阀门 V10。

③ 打开循环阀门 V11。

④ 打开总电源开关。

⑤ 启动风机。

7.4.4.3　开启加热电源

① 启动加热电源。

② 在"查看仪表"中设定洞道内干球温度，缓慢加热到指定温度。

7.4.4.4　开始实验

① 在空气流量和干球温度稳定后，记录实验参数。

② 双击物料进口，小心将物料放置在托盘内，关闭物料进口门。

③ 记录数据，每 2min 记录一组数据，记录 10 组数据。

④ 当物料重量不再变化时，双击物料进口，停止实验。

⑤ 重新设定洞道内干球温度，稳定后开始新的实验。

⑥ 选择其他物料，重复实验。

7.4.4.5　停止实验

① 停止实验，关闭加热仪表电源。

② 待干球温度和进气温度相同时，关闭风机电源。

③ 关闭总电源开关。

7.5 离心泵串并联仿真实验

7.5.1 实验目的

① 增进对离心泵并、串联运行工况及其特点的感性认识。
② 绘制单泵的工作曲线和两泵并、串联总特性曲线。

7.5.2 实验原理

在实际生产中，有时单台泵无法满足生产要求，需要几台组合运行。组合方式可以有串联和并联两种方式。下面讨论的内容限于多台性能相同的泵的组合操作。基本思路是：多台泵无论怎样组合，都可以看作是一台泵，因而需要找出组合泵的特性曲线。

7.5.2.1 泵的并联工作

泵的并联工作如图 7-27 所示。当用单泵不能满足工作需要的流量时，可采用两台泵（或两台以上）的并联工作方式，如图 7-27 所示。离心泵 I 和泵 II 并联后，在同一扬程（压

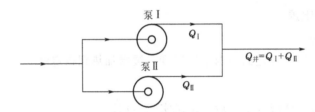

图 7-27 泵的并联工作

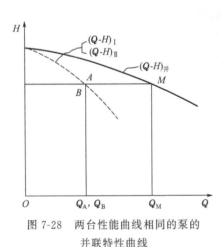

图 7-28 两台性能曲线相同的泵的
并联特性曲线

头）下，其流量 $Q_并$ 是这两台泵的流量之和，$Q_并 = Q_I + Q_{II}$。并联后的系统特性曲线，就是在各相同扬程下，将两台泵特性曲线 $(Q\text{-}H)_I$ 和 $(Q\text{-}H)_{II}$ 上的对应的流量相加，得到并联后的各相应合成流量 $Q_并$，最后绘出两台性能曲线相同的泵的并联特性曲线，如图 7-28 所示。图中虚线为两台泵各自的特性曲线 $(Q\text{-}H)_I$ 和 $(Q\text{-}H)_{II}$；实线为并联后的总特性曲线 $(Q\text{-}H)_并$，根据以上所述，在 $(Q\text{-}H)_并$ 曲线上任一点 M，其相应的流量 Q_M 是对应具有相同扬程的两台泵相应流量 Q_A 和 Q_B 之和，即 $Q_M = Q_A + Q_B$。

上面所述的是两台性能不同的泵的并联。在工程实际中，普遍遇到的情况是用同型号、同性能泵的并联，如图 7-28 所示。$(Q\text{-}H)_I$ 和 $(Q\text{-}H)_{II}$ 特性曲线相同，在图上彼此重合，并联后的总特性曲线为 $(Q\text{-}H)_并$。本实验就是两台相同性能的泵的并联。

进行教学实验时，可以分别测绘出单台泵 I 和泵 II 工作时的特性曲线 $(Q\text{-}H)_I$ 和 $(Q\text{-}H)_{II}$，把它们合成为两台泵并联的总性能曲线 $(Q\text{-}H)_并$。再将两台泵并联运行，测出并联工况下的某些实际工作点与总性能曲线上相应点相比较。

7.5.2.2　泵的串联工作

当单台泵工作不能提供所需要的压头（扬程）时，可用两台泵（或两台以上）的串联方式工作。离心泵串联后，通过每台泵的流量 Q 是相同的，而合成压头是两台泵的压头之和。串联后的系统总特性曲线，是在同一流量下把两台泵对应扬程叠加起来就可得出泵串联的相应合成压头，从而绘制出串联系统的总特性曲线 $(Q\text{-}H)_{串}$。如图 7-29 所示，串联特性曲线 $(Q\text{-}H)_{串}$ 的任一点 M 的压头 H_M，为对应于相同流量 Q_M 的两台单泵Ⅰ和Ⅱ的压头 H_A 和 H_B 之和，即 $H_M = H_A + H_B$。

教学实验时，可以分别测绘出单台泵泵Ⅰ和泵Ⅱ的特性曲线 $(Q\text{-}H)_Ⅰ$ 和 $(Q\text{-}H)_Ⅱ$，并将它们合成为两台泵串联的总性能曲线 $(Q\text{-}H)_{串}$，再将两台泵串联运行，测出串联工况下的某些实际工作点，与总性能曲线的相应点相比较。两台泵的串联的特性曲线如图 7-29 所示。

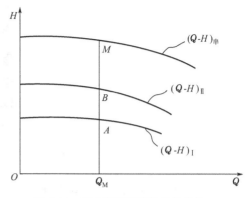

图 7-29　两台泵的串联的特性曲线

7.5.3　软件操作

7.5.3.1　软件运行界面

3D 场景仿真系统运行界面如图 7-30 所示。

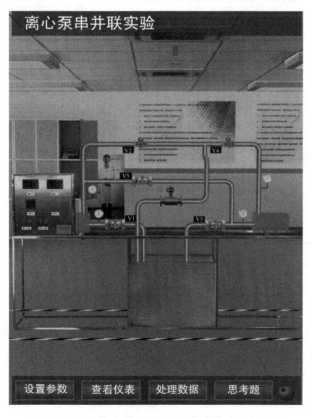

图 7-30　离心泵串并联实验 3D 仿真实验运行界面

操作质量评分系统运行界面如图 7-31、图 7-32 所示。

图 7-31　离心泵串并联实验操作质量评分系统运行界面一

	ID	步骤描述	得分
●	S0	离心泵调节流量方法中经济性最差的是（ ）调节。	0.0
●	S1	当离心泵内充满空气时，将发生气缚现象，这是因为（ ）	0.0
●	S2	两台不同大小的泵串联运行，串联工作点的扬程为 $H_串$，若去…	0.0
●	S3	从你所测定的特性曲线中分析，你认为以下哪项措施可以最有…	0.0
●	S4	以下哪项设备本实验没有使用？	0.0
●	S5	采用离心泵串并联可改变工作点，对于管路特性曲线较平坦的…	0.0
●	S6	以下哪种方法能改变离心泵特性曲线？	0.0
●	S7	离心泵启动和关闭之前，为何要关闭出口阀？	0.0
●	S8	两台同型号的离心泵串联使用后，扬程（ ）。	0.0
●	S9	离心泵串并联实验中，启动泵后，出水管不出水，泵进口处…	0.0
●	S10	随流量增大，泵的压力表及真空表的数据有什么变化规律？	0.0
●	S11	两台同型号的离心泵并联使用后，流量（ ）。	0.0
●	S12	用一输送系统将江水送到敞口高位槽。设管内为完全湍流，…	0.0
●	S13	离心泵是依靠高速旋转的（ ）而使液体获得压头的。	0.0
●	S14	泵的扬程是指单位重量的液体通过泵后（ ）的增加值，也就…	0.0
●	S15	流量就是泵的出水量，它表示泵在单位时间内排出液体的…	0.0
●	S16	两台同型号的离心泵并联使用目的是（ ）。	0.0
●	S17	两台同型号的离心泵串联使用目的是（ ）。	0.0
●	S18	离心泵的液体是由以下哪种方式流入流出的？	0.0
●	S19	以下哪项不属于离心泵的优点？	0.0

图 7-32　离心泵串并联实验操作质量评分系统运行界面二

　　操作者主要在 3D 场景仿真界面中进行操作，根据任务提示进行操作；实验操作简介界面可以查看软件特点介绍、实验原理简介、视野调整简介、移动方式简介和设备操作简介；评分界面可以查看实验任务的完成情况及得分情况。

7.5.3.2　3D 场景仿真系统介绍

　　本软件的 3D 场景以过程工程原理实验室为蓝本进行仿真。

（1）移动方式

① 按住 WSAD 键可控制当前角色向前后左右移动。

② 点击 R 键可控制角色进行走、跑切换。

（2）视野调整

软件操作视角为第一人称视角，即代入了当前控制角色的视角。所能看到的场景都是由系统摄像机来拍摄。按住鼠标左键在屏幕上向左或向右拖动，可调整操作者视野向左或是向右，相当于左扭头或右扭头的动作。按住鼠标左键在屏幕上向上或向下拖动，可调整操作者视野向上或是向下，相当于抬头或低头的动作。按下键盘空格键即可实现全局场景俯瞰视角和人物当前视角的切换。

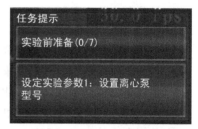

图 7-33　离心泵串并联实验
任务提示示意图

（3）任务系统

① 点击运行界面右上角的任务提示按钮即可打开任务系统。

任务提示示意图如图 7-33 所示。

② 任务系统界面左侧是任务列表，右侧是任务的具体步骤，任务名称后边有已完成任务步骤的数量和任务步骤的总数量。当某任务步骤完成时，该任务步骤会出现对号表示完成，同时已完成任务步骤的数量也会发生变化。任务列表示意图如图 7-34、图 7-35 所示。

图 7-34　离心泵串并联实验
任务列表示意图一

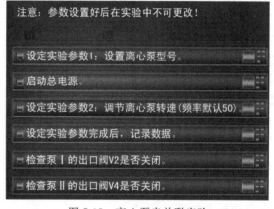

图 7-35　离心泵串并联实验
任务列表示意图二

（4）阀门操作/查看仪表

当控制角色移动到目标阀门或仪表附近时，鼠标悬停在该物体上，此物体会闪烁，说明可以进行操作。

① 左键双击闪烁物体，可进入操作界面，切换到阀门/仪表近景。

② 在界面上有相应的设备操作面板或实时数据显示，如液位、压力。

③ 点击界面右上角关闭标识即可关闭界面。

7.5.4　实验步骤

7.5.4.1　实验前准备

① 设定实验参数 1：设置离心泵型号。

② 启动总电源。

③ 设定实验参数 2：调节离心泵转速（频率默认 50）。

④ 设定实验参数完成后，记录数据。

⑤ 检查泵Ⅰ的出口阀 V2 是否关闭。

⑥ 检查泵Ⅱ的出口阀 V4 是否关闭。

⑦ 检查泵Ⅰ和泵Ⅱ的串联阀 V5 是否关闭。

7.5.4.2 泵Ⅰ特性曲线测定

① 打开泵Ⅰ的入口阀 V1。

② 启动泵Ⅰ电源。

③ 步骤 A：略开泵Ⅰ的出口阀 V2，调节其开度。

④ 步骤 B：待泵Ⅰ真空表、压力表和流量计读数稳定后，测读并记录。

⑤ 重复进行步骤 A 和 B，总共记 10 组数据。

⑥ 点击实验报告查看泵Ⅰ特性曲线。

⑦ 关闭泵Ⅰ的出口阀 V2。

⑧ 断开泵Ⅰ电源。

⑨ 关闭泵Ⅰ的入口阀 V1。

7.5.4.3 泵Ⅱ特性曲线测定

① 打开泵Ⅱ的入口阀 V3。

② 启动泵Ⅱ电源。

③ 步骤 C：略开泵Ⅱ的出口阀 V4，调节其开度。

④ 步骤 D：待泵Ⅱ真空表、压力表和流量计读数稳定后，测读并记录。

⑤ 重复进行步骤 C 和 D，总共记录 10 组数据。

⑥ 点击实验报告查看泵Ⅱ特性曲线。

⑦ 关闭泵Ⅱ的出口阀 V4。

⑧ 关闭泵Ⅱ电源。

⑨ 关闭泵Ⅱ的入口阀 V3。

7.5.4.4 双泵并联特性曲线测定

① 打开泵Ⅰ的入口阀 V1。

② 启动泵Ⅰ电源。

③ 略开泵Ⅰ的出口阀 V2。

④ 打开泵Ⅱ的入口阀 V3。

⑤ 启动泵Ⅱ电源。

⑥ 略开泵Ⅱ的出口阀 V4。

⑦ 步骤 E：调节 V2 和 V4 开度，使两个压力表读数相同，测读并记录流量和压力。

⑧ 重复进行步骤 E，总共记录 10 组数据。

⑨ 点击实验报告查看两泵并联特性曲线。

⑩ 关闭泵Ⅰ的出口阀 V2。

⑪ 断开泵Ⅰ电源。

⑫ 关闭泵Ⅰ的入口阀 V1。

⑬ 关闭泵Ⅱ的出口阀 V4。

⑭ 断开泵Ⅱ电源。

⑮ 关闭泵Ⅱ的入口阀 V3。

7.5.4.5　双泵串联特性曲线测定

① 打开泵Ⅰ的入口阀 V1。

② 打开泵Ⅱ的入口阀 V3。

③ 启动泵Ⅱ电源。

④ 待泵Ⅱ运行正常后，打开串联阀 V5。

⑤启动泵Ⅰ电源。

⑥ 待泵Ⅰ运行正常后，关闭泵Ⅱ入口阀 V3。

⑦ 步骤 F：略开泵Ⅱ的出口阀 V4，调节其开度。

⑧ 步骤 G：待泵Ⅰ的真空表、泵Ⅱ的压力表和流量计读数稳定后，测读并记录。

⑨ 重复进行步骤 F 和 G，总共记录 10 组数据。

⑩ 点击实验报告查看两泵串联特性曲线。

⑪ 关闭泵Ⅱ的出口阀 V4。

⑫ 断开泵Ⅱ电源。

⑬ 关闭串联阀 V5。

⑭ 断开泵Ⅰ电源。

7.6 萃取塔实验 3D 仿真实验

7.6.1 实验目的

① 了解脉冲填料萃取塔的结构。
② 掌握填料萃取塔的性能测定方法。
③ 掌握萃取塔传质效率的强化方法。

7.6.2 实验原理

填料萃取塔是石油炼制、化学工业和环境保护中广泛应用的一种萃取设备，具有结构简单、便于安装和制造等特点。塔内填料的作用可以使分散相液滴不断破碎和聚合，以使液滴表面不断更新，还可以减少连续相的轴相混合。本实验连续通入压缩空气向填料塔内提供外加能量，增加液体流动，强化传质。在普通填料萃取塔内，两相依靠密度差而逆向流动，相对密度较小，界面湍动程度低，限制了传质速率的进一步提高。为了防止分散相液滴过多聚结，增加塔内流动的湍动，可采用连续通入或断续通入压缩空气的方法（脉冲方式）向填料塔提供外加能量，增加液体湍动。当然湍动太厉害，会导致液液两相乳化，难以分离。

萃取塔的分离效率可以用传质单元高度 H_{OE} 和理论级当量高度 h_e 来表示。影响脉冲填料萃取塔分离效率的因素主要有：填料的种类、轻重两相的流量以及脉冲强度等。对一定的实验设备，在两相流量固定条件下，脉冲强度增加，传质单元高度降低，塔的分离能力增加。

本实验以水为萃取剂，从煤油中萃取苯甲酸，苯甲酸在煤油中的浓度约为 0.2% （质量分数）。水相为萃取相（用字母 E 表示，在本实验中又称连续相、重相），煤油相为萃余相（用字母 R 表示，在本实验中又称分散相）。在萃取过程中苯甲酸部分地从萃余相转移至萃取相。萃取相及萃余相的进出口浓度由容量分析法测定。考虑水与煤油是完全不互溶的，且苯甲酸在两相中的浓度都很低，可认为在萃取过程中两相液体的体积流量不发生变化。

（1）按萃取相计算的传质单元数 N_{OE}

$$N_{OE} = \int_{Y_{Et}}^{Y_{Eb}} \frac{\mathrm{d}Y_E}{(Y_E^* - Y_E)} \tag{7-18}$$

式中 Y_{Et}——苯甲酸在进入塔顶的萃取相中的质量比组成（本实验中 $Y_{Et}=0$），kg 苯甲酸/kg 水；

    Y_{Eb}——苯甲酸在离开塔底萃取相中的质量比组成，kg 苯甲酸/kg 水；

    Y_E——苯甲酸在塔内某一高度处萃取相中的质量比组成，kg 苯甲酸/kg 水；

    Y_E^*——与苯甲酸在塔内某一高度处萃余相组成 X_R 成平衡的萃取相中的质量比组成，kg 苯甲酸/kg 水。

用 Y_E-X_R 图上的分配曲线（平衡曲线）与操作线可求得 $\frac{1}{(Y_E^* - Y_E)}$-Y_E 关系。再进行图解积分或用辛普森积分可求得 N_{OE}。

（2）按萃取相计算的传质单元高度 H_{OE}

$$H_{OE} = \frac{H}{N_{OE}} \tag{7-19}$$

式中　H——萃取塔的有效高度，m；

　　H_{OE}——按萃取相计算的传质单元高度，m。

（3）按萃取相计算的体积总传质系数

$$K_{YE}\alpha = \frac{S}{H_{OE}\Omega}$$

（7-20）

式中　S——萃取相中纯溶剂的流量，kg 水/h；

　　Ω——萃取塔截面积，m^2；

　　$K_{YE}\alpha$——按萃取相计算的体积总传质系数。

7.6.3　软件操作

7.6.3.1　软件运行界面

3D 场景仿真系统运行界面如图 7-36 所示。

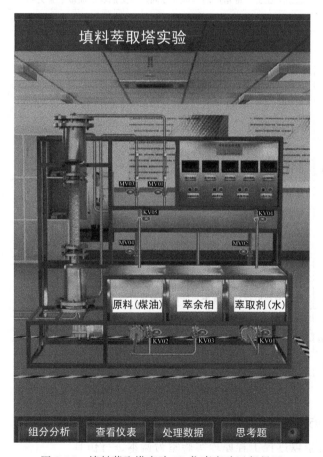

图 7-36　填料萃取塔实验 3D 仿真实验运行界面

操作质量评分系统运行界面如图 7-37、图 7-38 所示。

操作者主要在 3D 场景仿真界面中进行操作，根据任务提示进行操作；实验操作简介界面可以查看软件特点介绍、实验原理简介、视野调整简介、移动方式简介和设备操作简介；评分界面可以查看实验任务的完成情况及得分情况。

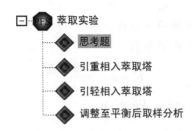

图 7-37　填料萃取塔实验操作质量评分系统运行界面一

	ID	步骤描述	得分
●	S0	萃取操作所依据的原理是（　）不同。	0.0
●	S1	萃取操作后的富溶剂相称为：	0.0
●	S2	油脂工业上，最常用的提取大豆油、花生油等的沥取装置为：	0.0
●	S3	萃取液与萃余液的密度差愈大，则萃取效果：	0.0
●	S4	将植物种子的籽油提取，最经济的方法是：	0.0
●	S5	萃取操作的分配系数之影响为：	0.0
●	S6	选择萃取剂将碘水中的碘萃取出来，这种萃取剂应具备的性质是：	0.0
●	S7	在萃取分离达到平衡时溶质在两相中的浓度比称为：	0.0
●	S8	有4种萃取剂，对溶质A和稀释剂B表现出下列特征，则最合适…	0.0
●	S9	对于同样的萃取相含量，单级萃取所需的溶剂量：	0.0
●	S10	将具有热敏性的液体混合物加以分离常采用何种方法？	0.0
●	S11	萃取操作温度一般选：	0.0
●	S12	萃取的目的是什么？	0.0
●	S13	萃取溶剂的必要条件是什么？	0.0
●	S14	萃取设备按两相的接触方式分类可分成哪几类？	0.0
●	S15	测定原料液、萃取相、萃余相组成可用哪些方法？	0.0
●	S16	在液液萃取操作过程中，外加能量是否越大越有利？	0.0
●	S17	萃取过程是否一定会发生乳化？	0.0
●	S18	萃取的原理是什么？	0.0
●	S19	请比较萃取实验装置与吸收、精馏实验装置的不同点。	0.0

图 7-38　填料萃取塔实验操作质量评分系统运行界面二

7.6.3.2　3D 场景仿真系统介绍

本软件的 3D 场景以过程工程原理实验室为蓝本进行仿真。

（1）移动方式

① 按住 WSAD 键可控制当前角色向前后左右移动。

② 点击 R 键可控制角色进行走、跑切换。

（2）视野调整

软件操作视角为第一人称视角，即代入了当前控制角色的视角。所能看到的场景都是由系统摄像机来拍摄。按住鼠标左键在屏幕上向左或向右拖动，可调整操作者视野向左或是向右，相当于左扭头或右扭头的动作。按住鼠标左键在屏幕上向上或向下拖动，可调整操作者视野向上或是向下，相当于抬头或低头的动作。按下键盘空格键即可实现全局场景俯瞰视角和人物当前视角的切换。

（3）任务系统

① 点击运行界面右上角的任务提示按钮即可打开任务系统。

任务提示示意图如图 7-39 所示。

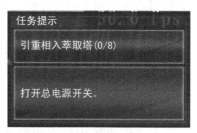

图 7-39　填料萃取塔实验
任务提示示意图

② 任务系统界面左侧是任务列表，右侧是任务的具体步骤，任务名称后边标有已完成任务步骤的数量和任务步骤的总数量。当某任务步骤完成时，该任务步骤会出现对号表示完成，同时已完成任务步骤的数量也会发生变化。任务提示示意图如图 7-40、图 7-41 所示。

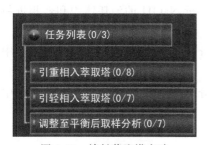

图 7-40　填料萃取塔实验
任务列表示意图一

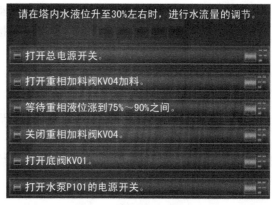

图 7-41　填料萃取塔实验
任务列表示意图二

（4）阀门操作/查看仪表

当控制角色移动到目标阀门或仪表附近时，鼠标悬停在该物体上，此物体会闪烁，说明可以进行操作。

① 左键双击闪烁物体，可进入操作界面，切换到阀门/仪表近景。

② 在界面上有相应的设备操作面板或实时数据显示，如液位、压力。

③ 点击界面右上角关闭标识即可关闭界面。

7.6.4　实验步骤

7.6.4.1　引重相入萃取塔

① 打开总电源开关。

② 打开重相加料阀 KV04 加料。

③ 等待重相液位涨到 $75\%\sim90\%$ 之间。

④ 关闭重相加料阀 KV04。

⑤ 打开底阀 KV01。

⑥ 打开水泵 P101 的电源开关。

⑦ 全开水流量调节阀 MV01，以最大流量将重相打入萃取塔。

⑧ 将水流量调节到接近指定值 6L/h。

7.6.4.2 引轻相入萃取塔

① 打开轻相加料阀 KV05 加料。

② 等待轻相液位涨到 5%～90% 之间。

③ 关闭轻相加料阀 KV05。

④ 打开底阀 KV02。

⑤ 打开煤油泵 P102 的电源开关。

⑥ 打开煤油流量调节阀 MV03。

⑦ 将煤油流量调节到接近 9L/h。

7.6.4.3 调整至平衡后取样分析

① 打开压缩机电源开关。

② 点击查看仪表,在脉冲频率调节器上设定脉冲频率。

③ 待重相、轻相流量稳定,萃取塔上罐界面液位稳定后,在组分分析面板上取样分析。

④ 在塔顶重相栏中选择取样体积,点击分析按钮分析 NaOH 的消耗体积和重相进料中的苯甲酸组成。

⑤ 在塔底轻相栏中选择取样体积,点击分析按钮分析 NaOH 的消耗体积和轻相进料中的苯甲酸组成。

⑥ 在塔底重相栏中选择取样体积,点击分析按钮分析 NaOH 的消耗体积和萃取相中的苯甲酸组成。

⑦ 在塔顶轻相栏中选择取样体积,点击分析按钮分析 NaOH 的消耗体积和萃余相中的苯甲酸组成。

7.7 气-气传热实验 3D 仿真实验

7.7.1 实验目的

① 通过对空气-水蒸气简单套管换热器的实验研究，掌握对流传热系数 α_i 的测定方法，加深对其概念和影响因素的理解，并应用线性回归分析方法，确定关联式 $Nu = ARe^n Pr^{0.4}$ 中常数 A、n 的值。

② 通过对管程内部插有螺旋线圈和采用螺旋扁管为内管的空气-水蒸气强化套管换热器的实验研究，测定其特征数关联式 $Nu = BRe^n$ 中常数 B、n 的值和强化比 Nu/Nu_0，了解强化传热的基本理论和基本方式。

③ 了解套管换热器的管内压降 Δp 和 Nu 之间的关系。

7.7.2 实验原理

7.7.2.1 普通套管换热器传热系数及其特征数关联式的测定

（1）对流传热系数 α_i 的测定

对流传热系数 α_i 可以根据牛顿冷却定律，用实验来测定。

$$\alpha_i = \frac{Q_i}{\Delta t_{mi} \times S_i} \tag{7-21}$$

式中 α_i——管内流体对流传热系数，$W/(m^2 \cdot ℃)$；

Q_i——管内传热速率，W；

S_i——管内换热面积，m^2；

Δt_{mi}——内管壁面温度与内管流体温度的平均温差，$℃$。

平均温差由下式确定：

$$\Delta t_{mi} = t_w - \frac{t_{i1} + t_{i2}}{2} \tag{7-22}$$

式中 t_{i1}，t_{i2}——冷流体的入口、出口温度，$℃$；

t_w——壁面平均温度，$℃$；

因为换热器内管为紫铜管，其热导率很大，且管壁很薄，故认为内壁温度、外壁温度和壁面平均温度近似相等，用 t_w 来表示。

管内换热面积：

$$S_i = \pi d_i L_i \tag{7-23}$$

式中 d_i——内管管内径，m；

L_i——传热管测量段的实际长度，m。

由热量衡算式：

$$Q_i = W_i c_{pi}(t_{i2} - t_{i1}) \tag{7-24}$$

其中质量流量由下式求得：

$$W_i = \frac{V_i \rho_i}{3600} \tag{7-25}$$

式中 V_i——冷流体在套管内的平均体积流量，m^3/h；

c_{pi}——冷流体的定压比热容，$kJ/(kg \cdot ℃)$；

ρ_i——冷流体的密度，kg/m^3。

c_{pi} 和 ρ_i 可根据定性温度 t_m 查得，$t_w = \dfrac{t_{i1}+t_{i2}}{2}$ 为冷流体进出口平均温度。t_{i1}、t_{i2}、t_w、V_i 可采取一定的测量手段得到。

（2）对流传热系数特征数关联式的实验确定

流体在管内做强制湍流，处于被加热状态，特征数关联式的形式为

$$Nu_i = ARe_i^m Pr_i^n \tag{7-26}$$

$$Nu_i = \frac{\alpha_i d_i}{\lambda_i} \tag{7-27}$$

其中：

$$Re_i = \frac{u_i d_i \rho_i}{\mu_i} \tag{7-28}$$

$$Pr_i = \frac{c_{pi}\mu_i}{\lambda_i} \tag{7-29}$$

物性数据 λ_i、c_{pi}、ρ_i、μ_i 可根据定性温度 t_m 查得。经过计算可知，对于管内被加热的空气，普兰特数 Pr_i 变化不大，可以认为是常数，则关联式的形式简化为：

$$Nu_i = ARe_i^m Pr_i^{0.4} \tag{7-30}$$

通过实验确定不同流量下的 Re_i 与 Nu_i，然后用线性回归方法确定 A 和 m 的值。

7.7.2.2 强化套管换热器传热系数及其特征数关联式和强化比的测定

强化传热又被学术界称为第二代传热技术，它能减小初设计的传热面积，以减小换热器的体积和重量；提高现有换热器的换热能力；使换热器能在较低温差下工作；并且能够减少换热器的阻力以减少换热器的动力消耗，更有效地利用能源和资金。强化传热的方法有多种，本实验装置是采用在换热器内管插入螺旋线圈的方法来强化传热。

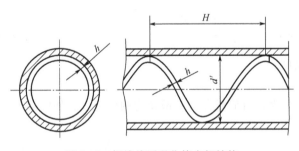

图 7-42 螺旋线圈强化管内部结构

螺旋线圈的结构如图 7-42 所示，螺旋线圈由直径 3mm 以下的铜丝和钢丝按一定节距绕成。将金属螺旋线圈插入并固定在管内，即可构成一种强化传热管。在近壁区域，流体一方面由于螺旋线圈的作用而发生旋转，一方面还周期性地受到线圈的螺旋金属丝的扰动，因而可以使传热强化。由于绕制线圈的金属丝直径很细，流体旋流强度也较弱，所以阻力较小，有利于节省能源。螺旋线圈以线圈节距 H 与管内径 d 的比值为主要技术参数，且节距与管内径比是影响传热效果和阻力系数的重要因素。科学家通过实验研究总结了形式为 $Nu = BRe^m$ 的经验公式，其中 B 和 m 的值因螺旋丝尺寸不同而不同。

在本实验中，采用上述实验方法，根据公式(7-30)确定不同流量下的 Re_i 与 Nu_i，用线性回归方法可确定 B 和 m 的值。单纯研究强化手段的强化效果（不考虑阻力的影响），可以用强化比的概念作为评判准则，它的形式是：$Nu/Nu_0 > 1$，其中 Nu 是强化管的努塞尔数，Nu_0 是普通管的努塞尔数，显然，强化比 $Nu/Nu_0 > 1$，而且它的值越大，强化效果越好。需要说明的是，如果评判强化方式的真正效果和经济效益，则必须考虑阻力因素，阻力系数随着换热系数的增加而增加，从而导致换热性能的降低和能耗的增加，只有强化比高且

阻力系数小的强化方式，才是最佳的强化方法。

7.7.3 软件操作

7.7.3.1 软件运行界面

3D 场景仿真系统运行界面如图 7-43 所示。

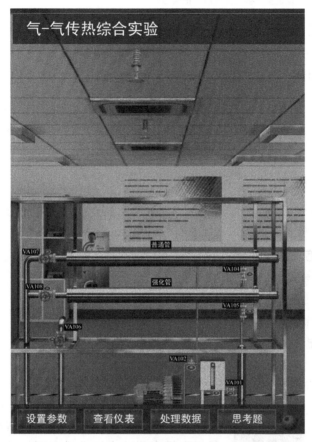

图 7-43 气-气传热综合实验 3D 仿真实验运行界面

操作质量评分系统运行界面如图 7-44、图 7-45 所示。

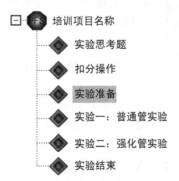

图 7-44 气-气传热综合实验操作质量评分系统运行界面一

操作者主要在 3D 场景仿真界面中进行操作，根据任务提示进行操作；实验操作简介界

	ID	步骤描述
✔	U…	设定实验参数1：设置普通套管长度及半径。
✔	U…	设定实验参数2：设置强化套管长度及半径。
✔	U…	设定实验参数3：设置蒸汽温度。
●	U…	设定实验参数完成后，记录数据。
●	U…	打开注水阀VA102，向蒸汽发生器加水。
●	U…	等待蒸汽发生器内的液位上升到大约2/3高度。
●	U…	关闭注水阀VA102。
●	U…	检查空气流量旁路调节阀VA106是否全开。
●	U…	检查普通管空气支路控制阀VA107是否打开。
●	U…	打开连通阀VA101，使水槽与蒸汽发生器相通。
●	U…	检查普通管蒸汽支路控制阀VA104是否打开。

图 7-45　气-气传热综合实验操作质量评分系统运行界面二

面可以查看软件特点介绍、实验原理简介、视野调整简介、移动方式简介和设备操作简介；
评分界面可以查看实验任务的完成情况及得分情况。

7.7.3.2　3D 场景仿真系统介绍

本软件的 3D 场景以过程工程原理实验室为蓝本进行仿真。

（1）移动方式

① 按住 WSAD 键可控制当前角色向前后左右移动。

② 点击 R 键可控制角色进行走、跑切换。

（2）视野调整

软件操作视角为第一人称视角，即代入了当前控制角色的视角。所能看到的场景都
是由系统摄像机来拍摄。按住鼠标左键在屏幕上向左或向右拖动，可调整操作者视野

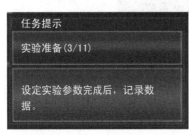

图 7-46　气-气传热综合实验
任务提示示意图

向左或是向右，相当于左扭头或右扭头的动作。按住
鼠标左键在屏幕上向上或向下拖动，可调整操作者视
野向上或是向下，相当于抬头或低头的动作。按下键
盘空格键即可实现全局场景俯瞰视角和人物当前视角
的切换。

（3）任务系统

① 点击运行界面右上角的任务提示按钮即可打开任
务系统。

任务提示示意图如图 7-46 所示。

② 任务系统界面左侧是任务列表，右侧是任务的具体步骤，任务名称后边标有已
完成任务步骤的数量和任务步骤的总数量。当某任务步骤完成时，该任务步骤会出现
对号表示完成，同时已完成任务步骤的数量也会发生变化。任务列表示意图如图 7-47、
图 7-48 所示。

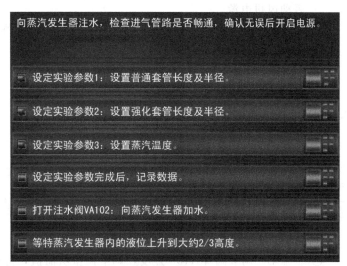

向蒸汽发生器注水，检查进气管路是否畅通，确认无误后开启电源。

☐ 设定实验参数1：设置普通套管长度及半径。

☐ 设定实验参数2：设置强化套管长度及半径。

☐ 设定实验参数3：设置蒸汽温度。

☐ 设定实验参数完成后，记录数据。

☐ 打开注水阀VA102：向蒸汽发生器加水。

☐ 等待蒸汽发生器内的液位上升到大约2/3高度。

- ⊙ 任务列表(0/4)
- ▸ 实验准备(3/11)
- ▸ 实验一：普通管实验(0/9)
- ▸ 实验二：强化管实验(0/8)
- ▸ 实验结束(0/4)

图 7-47　气-气传热综合实验
任务列表示意图一

图 7-48　气-气传热综合实验
任务列表示意图二

（4）阀门操作/查看仪表

当控制角色移动到目标阀门或仪表附近时，鼠标悬停在该物体上，此物体会闪烁，说明可以进行操作。

① 左键双击闪烁物体，可进入操作界面，切换到阀门/仪表近景。

② 在界面上有相应的设备操作面板或实时数据显示，如液位、压力。

③ 点击界面右上角关闭标识即可关闭界面。

7.7.4　实验步骤

7.7.4.1　实验准备

① 设定实验参数 1：设置普通套管长度及半径。

② 设定实验参数 2：设置强化套管长度及半径。

③ 设定实验参数 3：设置蒸汽温度。

④ 设定实验参数完成后，记录数据。

⑤ 打开注水阀 VA102，向蒸汽发生器加水。

⑥ 等待蒸汽发生器内的液位上升到大约 2/3 高度。

⑦ 关闭注水阀 VA102。

⑧ 检查空气流量旁路调节阀 VA106 是否全开。

⑨ 检查普通管空气支路控制阀 VA107 是否打开。

⑩ 打开连通阀 VA101，使水槽与蒸汽发生器相通。

⑪ 检查普通管蒸汽支路控制阀 VA104 是否打开。

7.7.4.2　普通管实验

① 启动总电源。

② 启动蒸汽发生器电源，开始加热。

③ 等待普通管蒸气排出口有恒量蒸汽排出。

④ 普通管蒸气排出口有恒量蒸汽排出，标志实验可以开始。

⑤ 启动风机电源。

⑥ 步骤 A：调节阀 VA106 开度，调节流量所需值，待稳定后，记录数据。

⑦ 重复进行步骤 A，总共记录 6 组数据。

⑧ 空气最小流量一定要做。

⑨ 空气最大流量一定要做。

7.7.4.3 强化管实验

① 打开强化管蒸汽支路控制阀 VA105。

② 关闭普通管蒸汽支路控制阀 VA104。

③ 等待强化套管蒸汽排出口有恒量蒸汽排出。

④ 强化套管蒸汽排出口有恒量蒸汽排出，标志实验可以开始。

⑤ 打开强化管空气支路控制阀 VA108。

⑥ 关闭普通管空气支路控制阀 VA107。

⑦ 步骤 B：调节阀 VA106 开度，调节流量所需值，待稳定后，记录数据。

⑧ 重复进行步骤 B，总共记录 6 组数据。

7.7.4.4 实验结束

① 关停蒸汽发生器电源。

② 关停风机电源。

③ 全开空气流量旁路调节阀 VA106。

④ 关停总电源。

7.8　流体过程综合实验 3D 仿真实验

7.8.1　实验目的

① 熟悉离心泵的操作方法。

② 掌握离心泵特性曲线和管路特性曲线的测定方法、表示方法，加深对离心泵性能的了解。

③ 掌握离心泵特性管路特性曲线的测定方法、表示方法。

7.8.2　实验原理

7.8.2.1　离心泵特性曲线

离心泵是最常见的液体输送设备。在一定的型号和转速下，离心泵的扬程 H、轴功率及效率 η 均随流量 Q 而改变。通常通过实验测出 H-Q、N-Q 及 η-Q 关系，并用曲线表示之，称为特性曲线。特性曲线是确定泵的适宜操作条件和选用泵的重要依据。泵特性曲线的具体测定方法如下：

（1）H 的测定

在泵的吸入口和压出口之间列伯努利方程

$$Z_1 + \frac{P_1}{\rho g} + \frac{u_1^2}{2g} + H = Z_2 + \frac{P_2}{\rho g} + \frac{u_2^2}{2g} + H_{\mathrm{f1-2}} \qquad (7\text{-}31)$$

$$H = (Z_2 - Z_1) + \frac{P_2 - P_1}{\rho g} + \frac{u_2^2 - u_1^2}{2g} + H_{\mathrm{f1-2}} \qquad (7\text{-}32)$$

上式中 $H_{\mathrm{f1-2}}$ 是泵的吸入口和压出口之间管路内的流体流动阻力（不包括泵体内部的流动阻力所引起的压头损失），当所选的两截面很接近泵体时，与伯努利方程中其他项比较，值很小，故可忽略。于是上式变为：

$$H = (Z_2 - Z_1) + \frac{P_2 - P_1}{\rho g} + \frac{u_2^2 - u_1^2}{2g} \qquad (7\text{-}33)$$

将测得的 $(Z_2 - Z_1)$ 和 $(P_2 - P_1)$ 的值以及计算所得的 u_2、u_1 代入上式即可求得 H 的值。

（2）N 的测定

功率表测得的功率为电动机的输入功率。由于泵由电动机直接带动，传动效率可视为 1.0，所以电动机的输出功率等于泵的轴功率。即

泵的轴功率 $N=$ 电动机的输出功率

电动机的输出功率 $=$ 电动机的输入功率 $\times$ 电动机的效率

泵的轴功率 $=$ 功率表的读数 $\times$ 电动机效率

（3）η 的测定

$$\eta = \frac{N_{\mathrm{e}}}{N} \qquad (7\text{-}34)$$

其中

$$N_{\mathrm{e}} = \frac{HQ\rho g}{1000} = \frac{HQ\rho}{102} \qquad (7\text{-}35)$$

式中　η——泵的效率；

N——泵的轴功率，kW；

N_e——泵的有效功率，kW；

H——泵的压头，m；

Q——泵的流量，m^3/s。

7.8.2.2 管路特性曲线

当离心泵安装在特定的管路系统中工作时，实际的工作压头和流量不仅与离心泵本身的性能有关，还与管路特性有关，也就是说，在液体输送过程中，泵和管路二者是相互制约的。管路特性曲线是指流体流经管路系统的流量与所需压头之间的关系。若将泵的特性曲线与管路特性曲线绘在同一坐标图上，两曲线交点即为泵在该管路的工作点。因此，如通过改变阀门开度来改变管路特性曲线，求出泵的特性曲线一样，可通过改变泵转速来改变泵的特性曲线，从而得出管路特性曲线。泵的压头 H 计算同上。

7.8.3 软件操作

7.8.3.1 软件运行界面

3D 场景仿真系统运行界面如图 7-49 所示。

图 7-49 流体过程综合实验 3D 仿真实验运行界面

操作质量评分系统运行界面如图 7-50、图 7-51 所示。

图 7-50　流体过程综合实验操作质量评分系统运行界面一

	ID	步骤描述	得分
●	U…	设定实验参数1：设置离心泵型号。	0.0
●	U…	设定实验参数2：调节离心泵转速(默认50)。	0.0
●	U…	设定实验参数3a：设置泵进口管路内径(默认20)。	0.0
●	U…	设定实验参数3b：设置泵出口管路内径(默认20)。	0.0
●	U…	设定实验参数完成后，记录数据。	0.0
●	U…	打开离心泵的灌泵阀V01。	0.0
●	U…	打开放气阀V02。	0.0
●	U…	灌泵排气中，请等待。	0.0
●	U…	成功放气后关闭灌泵阀V01。	0.0
●	U…	关闭放气阀V02。	0.0
●	U…	启动离心泵电源。	0.0
●	U…	打开主管路的球阀V06。	0.0
●	U…	步骤A：调节主管路调节阀V03的开度。	0.0
●	U…	步骤B：待真空表和压力表读数稳定后，记录数据。	0.0
●	U…	重复进行步骤A和B，总共记录10组数据。	0.0
●	U…	点击实验报告查看离心泵扬程、功率和效率曲线。	0.0
●	U…	控制主管路调节阀V03开度在50到100之间。	0.0
●	U…	步骤C：待真空表和压力表读数稳定后，调节离心泵电机频率…	0.0
●	U…	步骤D：待压力和流量稳定后，记录数据。	0.0
●	U…	重复进行步骤C和D，总共记录10组数据。	0.0
●	U…	点击实验报告查看管路特性曲线。	0.0
●	U…	关闭主管路球阀V06。	0.0
●	U…	关闭主管路调节阀V03。	0.0
●	U…	关停离心泵电源。	0.0

图 7-51　流体过程综合实验操作质量评分系统运行界面二

操作者主要在 3D 场景仿真界面中进行操作，根据任务提示进行操作；实验操作简介界面可以查看软件特点介绍、实验原理简介、视野调整简介、移动方式简介和设备操作简介；评分界面可以查看实验任务的完成情况及得分情况。

161

7.8.3.2 3D场景仿真系统介绍

本软件的 3D 场景以过程工程原理实验室为蓝本进行仿真。

（1）移动方式

① 按住 WSAD 键可控制当前角色向前后左右移动。

② 点击 R 键可控制角色进行走、跑切换。

（2）视野调整

软件操作视角为第一人称视角，即代入了当前控制角色的视角。所能看到的场景都是由系统摄像机来拍摄。按住鼠标左键在屏幕上向左或向右拖动，可调整操作者视野

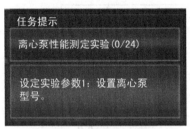

图 7-52 流体过程综合实验
任务提示示意图

向左或是向右，相当于左扭头或右扭头的动作。按住鼠标左键在屏幕上向上或向下拖动，可调整操作者视野向上或是向下，相当于抬头或低头的动作。按下键盘空格键即可实现全局场景俯瞰视角和人物当前视角的切换。

（3）任务系统

① 点击运行界面右上角的任务提示按钮即可打开任务系统。

任务提示示意图如图 7-52 所示。

② 任务系统界面左侧是任务列表，右侧是任务的具体步骤，任务名称后边标有已完成任务步骤的数量和任务步骤的总数量。当某任务步骤完成时，该任务步骤会出现对号表示完成，同时已完成任务步骤的数量也会发生变化。任务列表示意图如图 7-53、图 7-54 所示。

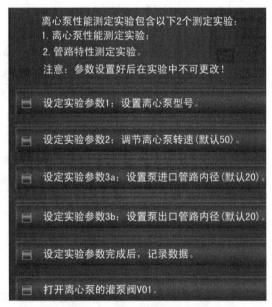

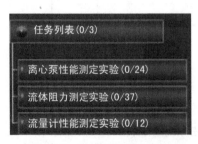

图 7-53 流体过程综合实验
任务列表示意图一

图 7-54 流体过程综合实验
任务列表示意图二

（4）阀门操作/查看仪表

当控制角色移动到目标阀门或仪表附近时，鼠标悬停在该物体上，此物体会闪烁，说明

可以进行操作。

① 左键双击闪烁物体，可进入操作界面，切换到阀门/仪表近景。

② 在界面上有相应的设备操作面板或实时数据显示，如液位、压力。

③ 点击界面右上角关闭标识即可关闭界面。

7.8.4　实验步骤

7.8.4.1　离心泵性能测定实验

① 设定实验参数 1：设置离心泵型号。

② 设定实验参数 2：调节离心泵转速（默认 50）。

③ 设定实验参数 3a：设置泵进口管路内径（默认 20）。

④ 设定实验参数 3b：设置泵出口管路内径（默认 20）。

⑤ 设定实验参数完成后，记录数据。

⑥ 打开离心泵的灌泵阀 V01。

⑦ 打开放气阀 V02。

⑧ 灌泵排气中，请等待。

⑨ 成功放气后关闭灌泵阀 V01。

⑩ 关闭放气阀 V02。

⑪ 启动离心泵电源。

⑫ 打开主管路的球阀 V06。

⑬ 步骤 A：调节主管路调节阀 V03 的开度。

⑭ 步骤 B：待真空表和压力表读数稳定后，记录数据。

⑮ 重复进行步骤 A 和 B，总共记录 10 组数据。

⑯ 点击实验报告查看离心泵扬程、功率和效率曲线。

⑰ 控制主管路调节阀 V03 开度在 50 到 100 之间。

⑱ 步骤 C：待真空表和压力表读数稳定后，调节离心泵电机频率（调节范围 0～50Hz）。

⑲ 步骤 D：待压力和流量稳定后，记录数据。

⑳ 重复进行步骤 C 和 D，总共记录 10 组数据。

㉑ 点击实验报告查看管路特性曲线。

㉒ 关闭主管路球阀 V06。

㉓ 关闭主管路调节阀 V03。

㉔ 关停离心泵电源。

7.8.4.2　流体阻力测定实验

① 设定实验参数 1：选择直管内径。

② 设定实验参数 2：选择物料类型。

③ 设定实验参数完成后，记录数据。

④ 启动离心泵电源。

⑤ 打开光滑管路中的闸阀 V07。

⑥ 步骤 A：调节小转子流量计调节阀 V05 的开度。

⑦ 步骤 B：待光滑管压差数据稳定后，记录数据。

⑧ 重复进行步骤 A 和 B，总共记录 5 组数据。

⑨ 关闭小转子流量计调节阀 V05。

⑩ 步骤 C：调节大转子流量计调节阀 V04 的开度。

⑪ 步骤 D：待光滑管压差数据稳定后，记录数据。

⑫ 重复进行步骤 C 和 D，总共记录 10 组数据。

⑬ 点击实验报告查看光滑管 λ-Re 曲线。

⑭ 将大转子流量计调节阀 V04 开到最大。

⑮ 待闸阀远、近点压差数据稳定后，记录数据。

⑯ 关闭光滑管路中的闸阀 V07。

⑰ 关闭大转子流量计调节阀 V04。

⑱ 打开粗糙管路中的闸阀 V08。

⑲ 步骤 E：调节小转子流量计调节阀 V05 的开度。

⑳ 步骤 F：待粗糙管压差数据稳定后，记录数据。

㉑ 重复进行步骤 E 和 F，总共记录 5 组数据。

㉒ 关闭小转子流量计调节阀 V05。

㉓ 步骤 G：调节大转子流量计调节阀 V04 的开度。

㉔ 步骤 H：待粗糙管压差数据稳定后，记录数据。

㉕ 重复进行步骤 G 和 H，总共记录 5 组数据。

㉖ 当流量大于 $1m^3/h$ 时，选择涡轮流量计测量。

㉗ 关闭大转子流量计调节阀 V04。

㉘ 步骤 I：调节主管路调节阀 V03 的开度。

㉙ 步骤 J：待粗糙管压差数据稳定后，记录数据。

㉚ 重复进行步骤 I 和 J，总共记录 5 组数据。

㉛ 点击实验报告查看粗糙管 λ-Re 曲线。

㉜ 关闭主管路调节阀 V03。

㉝ 将大转子流量计调节阀 V04 开到最大。

㉞ 待截止阀远、近点压差数据稳定后，记录数据。

㉟ 关闭粗糙管路中的闸阀 V08。

㊱ 关闭大转子流量计调节阀 V04。

㊲ 关停离心泵电源。

7.8.4.3　流量计性能测定实验

① 设定实验参数 1：选择流量计类型。

② 设定实验参数 2：选择孔口内径的种类。

③ 设定实验参数完成后，记录数据。

④ 启动离心泵电源。

⑤ 打开主管路的球阀 V06。

⑥ 步骤 A：调节主管路调节阀 V03 的开度。

⑦ 步骤 B：待真空表和压力表读数稳定后，记录数据。

⑧ 重复进行步骤 A 和 B，总共记录 10 组数据。

⑨ 点击实验报告查看流量计标定曲线和 C_0-Re 曲线。

⑩ 关闭主管路球阀 V06。

⑪ 关闭主管路调节阀 V03。

⑫ 关停离心泵电源。

7.9　多相搅拌实验 3D 仿真实验

7.9.1　实验目的

① 掌握搅拌功率曲线的测定方法。

② 了解影响搅拌功率的因素及其关联方法。

7.9.2　实验原理

搅拌过程中要输入能量才能达到混合的目的，即通过搅拌器把能量输入到被搅拌的流体中去。因此，搅拌釜内单位体积流体的能耗成为判断搅拌过程好坏的依据之一。

由于搅拌釜内液体运动状态十分复杂，搅拌功率目前尚不能由理论得出，只能由实验获得它和多变量之间的关系，以此作为搅拌操作放大过程中确定搅拌规律的依据。

液体搅拌功率消耗可表达为下列诸变量的函数

$$N = f(K, n, d, \rho, \mu, g, \cdots) \tag{7-36}$$

式中　N——搅拌功率，W；

　　　K——无量纲系数；

　　　n——搅拌转速，r/s；

　　　d——搅拌器直径，m；

　　　ρ——流体密度，kg/m³；

　　　μ——流体黏度，Pa·s；

　　　g——重力加速度，m/s²。

由量纲分析法可得下列量纲为 1 数群的关联式

$$\frac{N}{\rho n^3 d^5} = K \left(\frac{d^2 n \rho}{\mu} \right)^x \left(\frac{n^2 d}{g} \right)^y \tag{7-37}$$

令 $\dfrac{N}{\rho n^3 d^5} = N_P$，$N_P$ 称为功率无量纲数；$\dfrac{d^2 n \rho}{\mu} = Re$ 称为搅拌雷诺数；

令 $\dfrac{n^2 d}{g} = Fr$，Fr 称为搅拌弗劳德数。则 $N_p = KRe^x Fr^y$

令 $\phi = \dfrac{N_p}{Fr^y}$，ϕ 称为功率因数。则 $\phi = KRe^x$。

对于不打旋的系统重力影响极小，可忽略 Fr 的影响，即 $y = 0$。则

$$\phi = N_p = KRe^x \tag{7-38}$$

因此，在对数坐标纸上可标绘出与 Re 的关系。

本实验中，搅拌功率采用下式

$$N = 2\pi n T_m \tag{7-39}$$

式中　T_m——转矩，N·m；

　　　n——搅拌电机的转速，r/s。

7.9.3 软件操作

7.9.3.1 软件运行界面

3D 场景仿真系统运行界面如图 7-55 所示。

图 7-55 多相搅拌综合实验 3D 仿真实验运行界面

操作质量评分系统运行界面如图 7-56、图 7-57 所示。

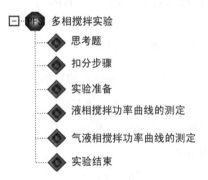

图 7-56 多相搅拌综合实验操作质量评分系统运行界面一

操作者主要在 3D 场景仿真界面中进行操作，根据任务提示进行操作；实验操作简介界面可以查看软件特点介绍、实验原理简介、视野调整简介、移动方式简介和设备操作简介；

	ID	步骤描述	得分
●	S0	最常用的搅拌方法是:	0.0
●	S1	搅拌器按工作原理可分为哪几类?	0.0
●	S2	多相搅拌实验中搅拌槽的直径为:	0.0
●	S3	多相搅拌实验中采用的是下列哪种搅拌器?	0.0
●	S4	几何相似、大小不一的搅拌器是否能使用同一条功率曲线?	0.0
●	S5	本实验中通过测量什么得到搅拌功率?	0.0
●	S6	搅拌功率曲线是指:	0.0
●	S7	N_p是指:	0.0
●	S8	在本实验中忽略了哪个参数的影响?	0.0
●	S9	在气液搅拌操作过程中, 固定通气量, 当搅拌器的转速较低…	0.0
●	S10	在实验中, 计算搅拌功率N的公式为:	0.0
●	S11	搅拌的目的是什么?	0.0
●	S12	旋桨式搅拌器的特点是?	0.0
●	S13	影响搅拌功率的因素有哪些?	0.0
●	S14	气液相搅拌功率曲线测定的过程中, 需要测量的物理量有:	0.0
●	S15	下列装置中, 本实验用到的装置有:	0.0
●	S16	本实验中所用的实验物系有哪几种?	0.0
●	S17	实验的过程中, 调节转速时应注意的问题有:	0.0
●	S18	搅拌釜中加挡板的作用是什么?	0.0
●	S19	要提高液流的湍动程度可采取哪些措施?	0.0

图 7-57　多相搅拌综合实验操作质量评分系统运行界面二

评分界面可以查看实验任务的完成情况及得分情况。

7.9.3.2　3D 场景仿真系统介绍

本软件的 3D 场景以过程工程原理实验室为蓝本进行仿真。

（1）移动方式

① 按住 WSAD 键可控制当前角色向前后左右移动。

② 点击 R 键可控制角色进行走、跑切换。

（2）视野调整

软件操作视角为第一人称视角, 即代入了当前控制角色的视角。所能看到的场景都是由系统摄像机来拍摄。按住鼠标左键在屏幕上向左或向右拖动, 可调整操作者视野向左或是向右, 相当于左扭头或右扭头的动作。按住鼠标左键在屏

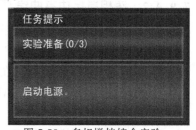

图 7-58　多相搅拌综合实验
任务提示示意图

幕上向上或向下拖动, 可调整操作者视野向上或是向下, 相当于抬头或低头的动作。按下键盘空格键即可实现全局场景俯瞰视角和人物当前视角的切换。

（3）任务系统

① 点击运行界面右上角的任务提示按钮即可打开任务系统。

任务提示示意图如图 7-58 所示。

② 任务系统界面左侧是任务列表，右侧是任务的具体步骤，任务名称后边标有已完成任务步骤的数量和任务步骤的总数量。当某任务步骤完成时，该任务步骤会出现对号表示完成，同时已完成任务步骤的数量也会发生变化。任务列表示意图如图7-59、图7-60所示。

图 7-59　多相搅拌综合实验
任务列表示意图一

图 7-60　多相搅拌综合实验
任务列表示意图二

（4）阀门操作/查看仪表

当控制角色移动到目标阀门或仪表附近时，鼠标悬停在该物体上，此物体会闪烁，说明可以进行操作。

① 左键双击闪烁物体，可进入操作界面，切换到阀门/仪表近景。

② 在界面上有相应的设备操作面板或实时数据显示，如液位、压力。

③ 点击界面右上角关闭标识即可关闭界面。

7.9.4　实验步骤

7.9.4.1　实验准备

① 启动电源。

② 启动搅拌器。

③ 启动轴功测量。

7.9.4.2　液相搅拌功率曲线测定

① 在"查看仪表"中选择液相搅拌功率曲线测定实验。

② 步骤A：在"设置参数"中调节转速，调节范围 $250\sim600\mathrm{r/min}$。

③ 步骤B：调节转速后，在"处理数据"中记录数据。

④ 重复进行步骤A和B，总共记录12组数据。

⑤ 点击实验报告，查看 N_p-Re 曲线。

⑥ 在"查看仪表"中选择液相搅拌功率曲线测定实验结束。

7.9.4.3　气液相搅拌功率曲线测定

① 在"查看仪表"中选择气液相搅拌功率曲线测定实验。

② 启动空压机。

③ 打开空压机阀门VA101。

④ 步骤C：在"设置参数"中调节转速，调节范围 $250\sim600\mathrm{r/min}$。

⑤ 步骤D：调节转速后，在"处理数据"中记录数据。

⑥ 重复进行步骤 C 和 D，记录 12 组数据。

⑦ 点击实验报告，查看 N_p-Re 曲线。

⑧ 在"查看仪表"中选择气液相搅拌功率曲线测定实验结束。

7.9.4.4　实验结束

① 关闭空压机阀门 VA101。

② 关停空压机。

③ 关停轴功测量。

④ 关停搅拌器。

⑤ 关停电源。

7.10　吸收(二氧化碳-水)实验 3D 仿真实验

7.10.1　实验目的

① 了解填料吸收塔的结构和流体力学性能。
② 学习填料吸收塔传质能力和传质效率的测定方法。

7.10.2　实验原理

7.10.2.1　气体通过填料层的压强降

压强降是塔设计中的重要参数，气体通过填料层压强降的大小决定了塔的动力消耗。压强降与气液流量有关，不同喷淋量下的填料层的压强降 Δp 与气速 u 的关系如图 7-61 所示。

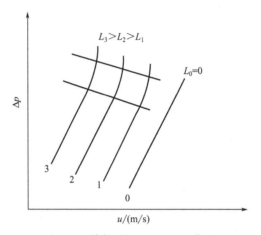

图 7-61　填料层的 $\Delta p\text{-}u$ 关系曲线

当无液体喷淋即喷淋量 $L_0=0$ 时，干填料的 $\Delta p\text{-}u$ 的关系是直线，如图中的直线 0。当有一定的喷淋量时，$\Delta p\text{-}u$ 的关系变成折线，并存在两个转折点，下转折点称为"载点"，上转折点称为"泛点"。这两个转折点将 $\Delta p\text{-}u$ 关系分为三个区段：恒持液量区、载液区与液泛区。

7.10.2.2　传质性能

吸收系数是决定吸收过程速率高低的重要参数，而实验测定是获取吸收系数的根本途径。对于相同的物系及一定的设备(填料类型与尺寸)，吸收系数将随着操作条件及气液接触状况的不同而变化。

膜系数和总传质系数：根据双膜模型的基本假设，气相侧和液相侧的吸收质 A 的传质速率方程可分别表达为：

$$气膜\ G_A = k_g A(p_A - p_{Ai}) \tag{7-40}$$

$$液膜\ G_A = k_1 A(c_{Ai} - c_A) \tag{7-41}$$

式中　G_A——A 组分的传质速率，kmol/s；

　　　A——两相接触面积，m^2；

　　　p_A——气侧 A 组分的平均分压，Pa；

p_{Ai}——相界面上 A 组分的平均分压，Pa；

c_A——液侧 A 组分的平均浓度，$kmol/m^3$；

c_{Ai}——相界面上 A 组分的浓度，$kmol/m^3$；

k_g——以分压表达推动力的气侧传质膜系数，$kmol/(m^2 \cdot s \cdot Pa)$；

k_1——以物质的量浓度表达推动力的液侧传质膜系数，m/s。

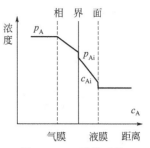

图 7-62 双膜模型的浓度分布图

双膜模型的浓度分布如图 7-62 所示。

以气相分压或以液相浓度表示传质过程推动力的相际传质速率方程又可分别表达为：

$$G_A = K_G A(p_A - p_A^*) \tag{7-42}$$

$$G_A = K_L A(c_A^* - c_A) \tag{7-43}$$

式中 p_A——液相中 A 组分的实际浓度所要求的气相平衡分压，Pa；

c_A——气相中 A 组分的实际分压所要求的液相平衡浓度，$kmol/m^3$；

K_G——以气相分压表示推动力的总传质系数，或简称为气相传质总系数，$mol/(m^2 \cdot s \cdot Pa)$；

K_L——以气相分压表示推动力的总传质系数，或简称为液相传质总系数，m/s。

若气液相平衡关系遵循亨利定律：$c_A = Hp_A$，则

$$\frac{1}{K_G} = \frac{1}{k_g} + \frac{1}{Hk_1} \tag{7-44}$$

$$\frac{1}{K_L} = \frac{H}{k_g} + \frac{1}{k_1} \tag{7-45}$$

当气膜阻力远大于液膜阻力时，相际传质过程受气膜传质速率控制，此时，$K_G = k_g$；反之，当液膜阻力远大于气膜阻力时，相际传质过程受液膜传质速率控制，此时，$K_L = k_1$。在逆流接触的填料层内，任意截取一微分段，并以此为衡算系统，则由吸收质方 A 的物料衡算可得：

$$dG_A = \frac{F_L}{\rho_L} dc_A \tag{7-46}$$

式中 F_L——液相摩尔流率，$kmol/s$；

ρ_L——液相摩尔密度，$kmol/m^3$。

根据传质速率基本方程式，可写出该微分段的传质速率微分方程：

$$dG_A = K_L(c_A^* - c_A) a S dh \tag{7-47}$$

联立上两式可得：

$$dh = \frac{F_L}{K_L a S \rho_L} \times \frac{dc_A}{c_A^* - c_A} \tag{7-48}$$

式中 a——气液两相接触的比表面积，m^2/m；

S——填料塔的横截面积，m^2。

本实验采用水吸收二氧化碳，已知二氧化碳在常温常压下溶解度较小，因此，液相摩尔流率 F_L 和摩尔密度 ρ_L 的比值，亦即液相体积流率 V_{sL} 可视为定值，且设总传质系数 K_L 和两相接触比表面积 a 在整个填料层内为一定值，则按下列边值条件积分，可得填料层高度的计算公式：

$$h = 0 \qquad\qquad c_A = c_{A2}$$
$$h = h \qquad\qquad c_A = c_{A1}$$

$$h = \frac{V_{sL}}{K_L a S} \int_{c_{A2}}^{c_{A1}} \frac{\mathrm{d}c_A}{c_A^* - c_A} \qquad\qquad (7\text{-}49)$$

令 $H_L = \dfrac{V_{sL}}{K_L a S}$，且称 H_L 为液相传质单元高度（HTU）

$$N_L = \int_{c_{A2}}^{c_{A1}} \frac{\mathrm{d}c_A}{c_A^* - c_A}，且称 N_L 为液相传质单元数（NTU）$$

因此，填料层高度为传质单元高度与传质单元数之乘积，即

$$h = H_L N_L \qquad\qquad (7\text{-}50)$$

若气液平衡关系遵循亨利定律，即平衡曲线为直线，则上式为可用解析法解得填料层高度的计算式，亦即可采用下列平均推动力法计算填料层的高度或液相传质单元高度：

$$h = \frac{V_{sL}}{K_L a S} \times \frac{c_{A1} - c_{A2}}{\Delta C_{Am}} \qquad\qquad (7\text{-}51)$$

式中，C_{Am} 为液相平均推动力，即

$$\Delta C_{Am} = \frac{\Delta c_{A1} - \Delta c_{A2}}{\ln \dfrac{\Delta c_{A2}}{\Delta c_{A1}}} = \frac{(c_{A2}^* - c_{A2}) - (c_{A1}^* - c_{A1})}{\ln \dfrac{c_{A2}^* - c_{A2}}{c_{A1}^* - c_{A1}}} \qquad\qquad (7\text{-}52)$$

因为本实验采用纯水吸收二氧化碳，则

$$c_{A1}^* = c_{A2}^* = c_A^* = H p_A$$

二氧化碳的溶解度常数：

$$H = \frac{\rho_w}{M_w} \times \frac{1}{E}$$

式中　　ρ_w——水的密度，kg/m^3；

　　　　M_w——水的摩尔质量，$kg/kmol$；

　　　　E——二氧化碳在水中的亨利系数，Pa。

因此，上式可简化为

$$\Delta C_{Am} = \frac{c_{A1}}{\ln \dfrac{c_A^*}{c_A^* - c_{A1}}} \qquad\qquad (7\text{-}53)$$

因本实验采用的物系不仅遵循亨利定律，而且气膜阻力可以不计，在此情况下，整个传质过程阻力都集中于液膜，即属液膜控制过程，则液侧体积传质膜系数等于液相体积传质总系数，亦即

$$k_1 a = K_L a = \frac{V_{sL}}{hS} \times \frac{c_{A1} - c_{A2}}{\Delta C_{Am}} \qquad\qquad (7\text{-}54)$$

7.10.3 软件操作

7.10.3.1 软件运行界面

3D场景仿真系统运行界面如图7-63所示。

图 7-63　吸收（二氧化碳-水）实验 3D 仿真实验运行界面

操作质量评分系统运行界面如图 7-64、图 7-65 所示。

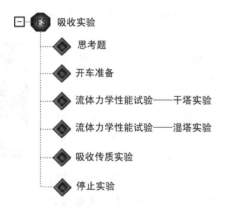

图 7-64　吸收实验操作质量评分系统运行界面一

操作者主要在 3D 场景仿真界面中进行操作，根据任务提示进行操作；实验操作简介界面可以查看软件特点介绍、实验原理简介、视野调整简介、移动方式简介和设备操作简介；评分界面可以查看实验任务的完成情况及得分情况。

	ID	步骤描述	得分
●	S0	1. 下列关于体积传质系数与液泛程度的关系正确的是:	0.0
●	S1	2. 判断下列哪个命题是正确的?	0.0
●	S2	3. 为测取压降-气速曲线需测下列哪组数据?	0.0
●	S3	4. H_{0G}的物理意义为:	0.0
●	S4	5. 气体流速u增大对K_{ya}影响为:	0.0
●	S5	6. 从实验数据分析水吸收二氧化碳是膜控制还是液膜控制?	0.0
●	S6	7. 在选择吸收塔用的填料时, 应选比表面积大的填料还是比…	0.0
●	S7	8. 若没有达到稳定状态就测数据, 对结果有何影响?	0.0
●	S8	9. 采样是否同时进行?	0.0
●	S9	10. 关于填料塔压降Δp与气速u和喷淋量l的关系正确的是:	0.0
●	S10	11. 温度和压力对吸收的影响为:	0.0
●	S11	12. 关于亨利定律与拉乌尔定律计算应用正确的是:	0.0
●	S12	13. 本实验中, 为什么塔底要有液封?	0.0
●	S13	14. 吸收实验中, 空气是由什么设备来输送的?	0.0
●	S14	15. 干填料及湿填料压降-气速曲线的特征:	0.0
●	S15	16. 测定传质系数K_{ya}的意义在于:	0.0
●	S16	17. 传质单元数的物理意义为:	0.0
●	S17	18. 测定压降-气速曲线的意义在于:	0.0
●	S18	19. 影响传质系数的因素有哪些?	0.0
●	S19	20. 影响吸收操作稳定性的因素有哪些?	0.0

图 7-65　吸收实验操作质量评分系统运行界面二

7.10.3.2　3D 场景仿真系统介绍

本软件的 3D 场景以过程工程原理实验室为蓝本进行仿真。

（1）移动方式

① 按住 WSAD 键可控制当前角色向前后左右移动。

② 点击 R 键可控制角色进行走、跑切换。

（2）视野调整

软件操作视角为第一人称视角,即代入了当前控制角色的视角。所能看到的场景都是由系统摄像机来拍摄。按住鼠标左键在屏幕上向左或向右拖动,可调整操作者视野向左或是向右,相当于左扭头或右扭头的动作。按住鼠标左键在屏幕上向上或向下拖动,可调整操作者视野向上或是向下,

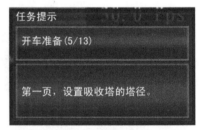

图 7-66　吸收实验任务
提示示意图

相当于抬头或低头的动作。按下键盘空格键即可实现全局场景俯瞰视角和人物当前视角的切换。

（3）任务系统

① 点击运行界面右上角的任务提示按钮即可打开任务系统。

任务提示示意图如图 7-66 所示。

②　任务系统界面左侧是任务列表，右侧是任务的具体步骤，任务名称后边标有已完成任务步骤的数量和任务步骤的总数量。当某任务步骤完成时，该任务步骤会出现对号表示完成，同时已完成任务步骤的数量也会发生变化。任务列表示意图如图7-67、图7-68所示。

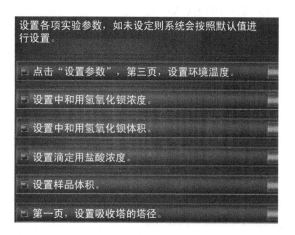

图7-67　吸收实验任务列表示意图一　　　　　　图7-68　吸收实验任务列表示意图二

（4）阀门操作/查看仪表

当控制角色移动到目标阀门或仪表附近时，鼠标悬停在该物体上，此物体会闪烁，说明可以进行操作。

①　左键双击闪烁物体，可进入操作界面，切换到阀门/仪表近景。

②　在界面上有相应的设备操作面板或实时数据显示，如液位、压力。

③　点击界面右上角关闭标识即可关闭界面。

7.10.4　实验步骤

7.10.4.1　实验准备

①　点击"设置参数"，第三页，设置环境温度。

②　设置中和用氢氧化钡浓度。

③　设置中和用氢氧化钡体积。

④　设置滴定用盐酸浓度。

⑤　设置样品体积。

⑥　第一页，设置吸收塔的塔径。

⑦　第一页，设置吸收塔的填料高度。

⑧　第一页，设置吸收塔的填料种类。

⑨　吸收塔填料参数设置完成后点击"记录数据"。

⑩　第二页，设置解吸塔的塔径。

⑪　第二页，设置解吸塔的填料高度。

⑫　第二页，设置解吸塔的填料种类。

⑬　解吸塔填料参数设置完成后点击"记录数据"。

7.10.4.2　流体力学性能试验——干塔实验

①　打开总电源开关。

② 打开风机 P101 开关。

③ 全开阀门 VA101。

④ 全开阀门 VA102。

⑤ 全开阀门 VA110。

⑥ 减小阀门 VA101 的开度，在"查看仪表"第二页，记录数据。

⑦ 逐步减小阀门 VA101 的开度，调节流量，记录至少 6 组数据。

7.10.4.3　流体力学性能试验——湿塔实验

① 打开加水开关。

② 等待水位到达 50%。

③ 关闭加水开关。

④ 启动水泵 P102。

⑤ 全开阀门 VA101。

⑥ 全开阀门 VA109，调节水的流量到 60L/h。

⑦ 全开阀门 VA105。

⑧ 减小阀门 VA101 开度，在"查看仪表"第二页，记录数据。

⑨ 逐步减小阀门 VA101 的开度，调节流量，记录至少 6 组数据。

7.10.4.4　吸收传质实验

① 打开 CO_2 钢瓶阀门 VA001。

② 打开阀门 VA107。

③ 调节减压阀 VA002 开度，控制 CO_2 流量。

④ 启动水泵 P103。

⑤ 打开阀门 VA108。

⑥ 关闭阀门 VA105。

⑦ 待稳定后，打开取样阀 VA1 取样分析。

⑧ 待稳定后，打开取样阀 VA2 取样分析。

⑨ 待稳定后，打开取样阀 VA3 取样分析。

⑩ 点击"查看仪表"，第三页，记录数据。

7.10.4.5　停止实验

① 关闭 CO_2 钢瓶阀门 VA001。

② 关停水泵 P102。

③ 关停水泵 P103。

④ 关停风机。

⑤ 关闭总电源。

附录 过程工程原理实验中常用数据表

附表1 乙醇-水溶液气液平衡数据（常压）

液体组成		蒸气组成		液体组成		蒸气组成	
质量分数/%	摩尔分数/%	质量分数/%	摩尔分数/%	质量分数/%	摩尔分数/%	质量分数/%	摩尔分数/%
0.01	0.004	0.13	0.053	20.00	8.92	65.0	42.09
0.03	0.0117	0.39	0.153	24.00	11.00	68.0	45.41
0.04	0.0157	0.52	0.204	29.00	13.77	70.8	51.27
0.05	0.0196	0.65	0.255	34.00	16.77	72.9	53.09
0.06	0.0235	0.78	0.307	39.00	20.00	74.3	55.22
0.07	0.0274	0.91	0.358	45.00	24.25	75.9	57.41
0.08	0.0313	1.04	0.410	52.00	29.80	77.5	59.10
0.09	0.352	1.17	0.461	57.00	34.16	78.7	61.44
0.10	0.04	1.3	0.51	63.00	40.00	80.3	62.99
0.15	0.055	1.95	0.77	67.00	44.27	81.3	64.70
0.20	0.08	2.6	1.03	71.00	48.92	82.4	66.92
0.30	0.12	3.8	1.57	75.00	54.00	83.8	38.76
0.40	0.16	4.9	1.98	78.00	58.11	84.9	71.10
0.50	0.19	6.1	2.48	81.00	62.52	86.3	63.61
0.60	0.23	7.1	2.90	84.00	67.27	87.7	75.82
0.70	0.27	8.1	3.33	86.00	70.63	88.9	78.00
0.80	0.31	9.0	3.725	88.00	74.15	90.1	79.26
0.90	0.35	9.9	4.12	90.00	75.99	91.3	80.24
1.00	0.39	10.75	4.51	91.00	77.88	92.0	81.83
2.00	0.79	19.7	8.76	92.00	79.82	92.7	83.25
3.00	1.19	27.2	12.75	93.00	83.87	93.4	84.91
4.00	1.61	33.3	16.34	94.00	85.97	94.2	86.40
7.00	2.86	44.6	23.96	95.00	88.15	95.05	88.25
10.00	4.16	52.2	29.92	95.57	89.41	95.57	89.41
13.00	5.51	57.4	34.51				
16.00	6.86	61.1	38.06				

附表 2　乙醇-水混合物的热焓量

液相中乙醇的质量分数/%	泡点温度 t/℃	露点温度 t/℃	溶液的汽化潜热/(kJ/kg)	蒸气的热焓量/(kJ/kg)	溶液的热焓量/(kJ/kg)
0	100	100	2253.0	2671.0	418.0
5	94.9	99.4	2182.0	2605.8	423.8
10	91.3	98.8	2110.9	2536.4	425.5
15	89.0	98.2	2039.8	2462.4	422.6
20	87.0	97.6	1968.8	2388.9	420.1
25	85.7	97.0	1899.8	2319.5	419.7
30	84.7	96.0	1830.8	2246.8	416.0
35	83.8	95.3	1759.8	2166.1	406.3
40	83.1	94.0	1688.7	2083.7	395.0
45	82.5	93.2	1621.8	2003.5	381.7
50	81.9	91.9	1550.8	1919.5	368.7
55	81.4	90.6	1481.8	1838.0	356.2
60	81.0	89.0	1412.8	1755.2	342.4
65	80.6	87.0	1343.9	1666.2	322.3
70	80.2	85.1	1274.9	1580.9	306.0
75	79.8	82.8	1208.0	1492.8	283.8
80	79.5	80.8	1141.1	1400.7	259.6
85	79.0	79.6	1070.1	1319	249.5
90	78.5	78.7	994.8	1231.9	237.1
95	78.2	78.2	923.8	1146.2	222.4
100	78.3	78.3	852.7	1062.4	209.4

附表 3　10～70℃乙醇-水溶液的密度　　　　单位：kg/m³

质量分数/%	温度/℃						
	10	20	30	40	50	60	70
8.01	990	980	980	970	970	960	960
16.21	980	970	960	960	950	940	920
24.61	970	960	950	940	930	930	910
33.30	950	950	930	920	910	900	890
42.43	940	930	910	900	890	880	870
52.09	910	910	880	870	870	860	850
62.39	890	880	860	860	880	830	820
73.48	870	860	830	830	820	810	800
85.66	840	830	810	800	790	780	770
100.00	800	790	780	770	760	750	750

附表 4　乙醇-水溶液的比热容

c_p/[kJ/(kg·℃)] 温度/℃ 乙醇质量分数/%	0	30	50	70	90
3.98	4.31	4.22	4.26	4.26	4.26
8.01	4.39	4.26	4.26	4.26	4.31
16.21	4.35	4.31	4.31	4.31	4.31
24.61	4.18	4.26	4.39	4.47	4.56
33.30	3.93	4.10	4.18	4.35	4.43
42.43	3.64	3.85	4.01	4.22	4.39
52.08	3.34	3.59	3.85	4.10	4.35
92.39	3.13	3.34	3.68	3.93	4.26
73.48	2.80	3.09	3.22	3.64	4.06
85.66	2.55	2.80	2.93	3.34	3.76
100.0	2.26	2.51	2.72	2.97	3.26

参 考 文 献

[1] 谭天恩. 化工原理 [M]. 北京：化学工业出版社.

[2] 陈同芸. 化工原理实验 [M]. 上海：华东理工大学出版社.

[3] 李建颖，王昑. 化工原理实验 [M]. 浙江：浙江大学出版社.

[4] 张金利，等. 化工原理实验 [M]. 天津：天津大学出版社.

[5] 伍钦，等. 化工原理实验 [M]. 广州：华南理工大学出版社.

[6] 陈敏恒，等. 化工原理 [M]. 北京：化学工业出版社.

[7] 上海化工学院，等. 化学工程 [M]. 北京：化学工业出版社.

[8] 姚克俭. 化工原理实验立体教材 [M]. 杭州：浙江大学出版社，2009.

[9] 杨虎，马燮. 化工原理实验 [M]. 重庆：重庆大学出版社，2008.

[10] 陈寅生，化工原理实验及仿真 [M]. 上海：东华大学出版社，2008.

[11] 陈均志，李磊. 化工原理实验及课程设计 [M]. 北京：化学工业出版社，2008.

[12] 王存文，孙炜. 化工原理实验与数据处理 [M]. 北京：化学工业出版社，2008.

[13] 王建成，卢燕，陈振. 化工原理实验 [M]. 上海：华东理工大学出版社，2007.

[14] 郑秋霞. 化工原理实验 [M]. 北京：中国石化出版社，2007.

[15] 徐国想. 化工原理实验 [M]. 南京：南京大学出版社，2006.

[16] 王雅琼，许文林. 化工原理实验 [M]. 北京：化学工业出版社，2005.

[17] 梁玉祥，刘钟海，付兵. 化工原理实验导论 [M]. 成都：四川大学出版社，2004.

[18] 史贤林，田恒水，张平. 化工原理实验 [M]. 上海：华东理工大学出版社，2005.

[19] 吴嘉. 化工原理仿真实验 [M]. 北京：化学工业出版社，2001.

[20] 杨祖荣. 化工原理实验 [M]. 北京：化学工业出版社，2004.

[21] 汪学军，李岩梅，楼涛. 化工原理实验 [M]. 北京：化学工业出版社，2009.

[22] 罗传义，时景荣. 实验设计与数据处理 [M]. 长春：吉林人民出版社，2002.